绿色生态
在室内设计中的 应用分析

王小飞 著

电子科技大学出版社
University of Electronic Science and Technology of China Press

图书在版编目（CIP）数据

绿色生态在室内设计中的应用分析 / 王小飞著. ––
成都：电子科技大学出版社，2019.5
ISBN 978-7-5647-6958-1

Ⅰ.①绿… Ⅱ.①王… Ⅲ.①室内装饰设计 Ⅳ.
①TU238.2

中国版本图书馆CIP数据核字(2019)第089500号

绿色生态在室内设计中的应用分析

王小飞　著

策划编辑　　李述娜
责任编辑　　熊晶晶

出版发行　　电子科技大学出版社
　　　　　　成都市一环路东一段159号电子信息产业大厦九楼　　邮编　610051
主　　页　　www.uestcp.com.cn
服务电话　　028-83203399
邮购电话　　028-83201495

印　　刷　　定州启航印刷有限公司
成品尺寸　　170mm×240mm
印　　张　　11.75
字　　数　　230千字
版　　次　　2019年5月第一版
印　　次　　2019年5月第一次印刷
书　　号　　ISBN 978-7-5647-6958-1
定　　价　　56.00元

　　自改革开放以来，我国的经济飞速发展，各行各业都逐渐建立完善，人们的物质生活水平逐渐提高。但飞速的经济发展需要能源等自然资源的支持，几十年来的发展不仅为我们带来了经济的日益增长，也使环境问题日益突出，那么，如何在保持经济增长的情况下同时保护我们周边的生态环境、如何做到环境资源的有效利用、如何降低污染程度等问题都成了目前我们要面临的重大难题。

　　环境问题与人们的生活息息相关，它直接关系着我们生活的方方面面。适宜人类居住的生态环境逐渐成为兼顾环境与人类居住的新课题，引起了科学各学科的广泛关注和研究。目前在我国的室内设计领域，室内装饰使用的材料一般采用不可再生的稀有资源，这些材料的生产带来巨大的环境污染，而且使室内装饰的成本偏高，这种资源浪费引发了一系列的环境生态问题。在其他方面，目前的室内设计也存在很大问题。如从设计风格上来讲，过多的追求奢华，大多使用贵重金属、磨光石材、高档木材、高级玻璃制品等材料，这些都与室内设计的可持续发展观相违背，甚至会直接导致环境资源的加速枯竭；再比如目前的装饰物中多数是人工合成的工业材料，其中包含着大量对人体有害的化学物质，对于人们的伤害可以说是长期的；再比如目前室内设计的风格更新过快，许多不可再生的装饰材料在装修的过程中被丢弃、拆除，这对于不可再生资源是一种极大的浪费，同时对环境造成了极大的污染。

　　面临当代室内设计如此多的弊端，我们急需针对设计的理论、思路以及实践找出有效的手段，绿色生态室内设计就是由此应运而生的，人们越来越多的注意到生态设计的优点。绿色生态室内设计是人类建筑设计的发展方向，是人与自然和谐共处的发展方向。

如何做到绿色生态室内设计，不仅仅是在材料上的节约（采用低污染的环保材料），还需要设计师创新设计理念，更多地考虑室内生态空间的构造（如自然通风、采光、节能照明等因素）。绿色生态设计首要考虑的就是设计与自然能否和谐共处；其次是否以人为本，具有人性化设计，能否可循环利用，保持可持续发展性。

　　绿色生态室内设计的产生为我们当代的设计理念带来了新风，它强调生态理念，充分考虑自然环境与人类的和谐性，多利用自然现有的资源解决设计中的采光、通风等问题；利用新技术为设计带来创新，使设计真正地实现了可持续发展的特性。

　　本书主要研究绿色生态与理论引领下的室内设计。室内理论设计和室内生态设计相结合是整个现代室内设计的发展方向。在它的引领下，试将改变以往的室内设计的观念，它将是现代室内设计发展的新趋势。本书第一章详细论述了室内设计的概念、现状和未来的发展趋势，详细论述了室内设计的相关概念，包括室内设计的设计原则、设计目标、设计特点、设计内容等问题；第二章对绿色生态建筑设计进行了简要介绍；第三章论述了生态学、生态美学和室内设计之间的关系，为第四章叙述绿色生态理论下的室内设计奠定了基础；第四章就绿色生态室内设计的理论做了深入探讨，包括生态室内设计的指导思想、基本措施、实施的外部条件等；第五章对绿色生态室内设计的详细内容做了全面的分析，包括理论运用、物理环境分析、原生态材料的运用绿色植物和家具等，第六章结合中国特色的生态室内设计理论，分析了几个优秀的绿色生态室内设计案例。

目录
CONTENTS

第一章　室内设计概述 / 001

　　第一节　室内设计的内涵 / 001

　　第二节　室内设计的现状 / 021

　　第三节　室内设计的发展趋势 / 026

第二章　绿色建筑设计 / 029

　　第一节　绿色建筑理论知识 / 029

　　第二节　绿色建筑设计概论 / 048

　　第三节　国内外绿色建筑概况 / 053

　　第四节　绿色建筑的发展趋势 / 058

第三章　生态学和生态美学对室内设计的影响 / 066

　　第一节　生态学与生态美学理论概述 / 066

　　第二节　生态学对室内设计的影响 / 091

　　第三节　生态美学对室内设计的影响 / 102

第四章　绿色生态与室内设计理论探究 / 119

　　第一节　绿色生态对室内设计的影响因素 / 119

　　第二节　绿色生态理念下室内设计的基本措施 / 122

　　第三节　绿色生态理念下室内设计的指导思想与外部实施条件 / 125

第五章　绿色生态在室内设计的应用研究 / 130

　　第一节　绿色生态理念在室内设计中的运用 / 130

　　第二节　绿色生态理念下的室内物理环境分析 / 132

　　第三节　绿色原生态材料在室内空间的运用 / 138

　　第四节　绿色植物和家具的引入 / 147

第六章　绿色生态在室内设计中应用的实例分析　/　157

第一节　长城脚下的公社——竹屋　/　157

第二节　浙江东阳凤凰谷天澜酒店木结构度假别墅　/　162

第三节　匈牙利乡村别墅　/　170

参考文献　/　178

第一章　室内设计概述

第一节　室内设计的内涵

一、设计的定义

什么是"设计"？"设计"最早出现在 1588 年的《牛津英文词典》，解释为："为艺术品……或是应用艺术的物件所做的最初绘画的草稿，它是规范了一件作品的完成。"《牛津现代英汉双解词典》是这样解释的："设计，是欲生产出物体的草图、纹样和概念；是图画、书籍、建筑物和机械等的平面安排和布局；是目的、意向和计划。"我国 1980 年版的《辞海·艺术分册》中，解释设计是指："广义指一切造型活动的计划，狭义专指图案装饰。"这是早期的设计概念。

现代设计大师蒙荷里纳基（Moholy Nagy）曾指出："设计并不是对制造品表面的装饰，而是以某一目的为基础，将社会的、人类的、经济的、技术的、艺术的、心理的多种因素综合起来，使其能纳入工业生产的轨道，对制品的这种构思和计划技术即设计。"国内尹定邦教授在回答记者时曾说："设计是一个大的概念，目前学术界还没有统一的定义。从广义来说，设计其实就是人类把自己的意志加在自然界之上，用以创造人类文明的一种广泛的活动。任何生产都有一个理想目标，设计就是用来确定这个理想目标的手段，是生产的第一个环节。设计后面必须有批量生产、规模生产，否则设计就失去了意义，这也是社会进步的体现。"可以看出，设计的目的是为人服务，满足人的各方面的需要。可见，设计不局限于对物象外形的美化，而是有明确的功能目的的，设计的过程正是把这种功能目的转化到具体对象上去。

因此，我们定义设计是依照一定的步骤，按预期的意向谋求新的形态和组织，并满足特定功能要求的过程，是把一种计划、规划、设想通过视觉的形式传达出来的活动过程。人类通过劳动改造世界，创造文明，创造物质财富和精神财富，而最基础、最主要的创造活动是造物。设计便是造物活动进行预先的计划，可以把任何造物活动的计划技术和计划过程理解为设计。

　　设计就是设想、运筹、计划与预算，它是人类为实现某种特定目的而进行的创造性活动。"设计只不过是人在理智上具有的、在心里所想象的，建立于理论之上的那个概念的视觉表现和分类。"设计不仅仅通过视觉的形式传达出来，还会通过听觉、嗅觉、触觉传达出来营造一定的感官感受。设计与人类的生产活动密切相关，它是把各种先进技术成果转化为生产力的一种手段和方法。设计是创造性劳动，设计的本质是创新，其目的是实现产品的功能，建立性能好、成本低、价值高的系统和结构，以满足人类社会不断增长的物质和文化需要。设计体现在人类生活的各个方面，包括人类的一切创造性行为活动，如产品设计、视觉传达设计、服装设计、建筑设计、室内设计等（图1-1）。设计是连接精神文明与物质文明的桥梁，人类寄希望于通过设计来改善自身的生存环境。

图1-1　卧室设计效果图

二、设计理论

　　为什么几乎每个建筑师都能识别和鉴赏自然世界中的美景，却经常忘记赋予自己作品以美的元素呢？很多现代建筑都无法给人心动的感觉，有时甚至更糟。但是建筑师带回的旅途中拍摄的照片时，却常常体现了他们对材料、颜色和比例的敏感性。那么，问题出在哪里呢？

为什么那么多簇新而坚固的建筑通常都比传统设计要丑陋且不协调？有人说原因在于，那些对太阳能取暖和免冲厕所感兴趣的建筑师从内心里更愿意成为技术师而不是设计师。也有人将其归咎于，在要优先考虑新的设计元素时，专业人士缺乏相应的设计经验。但这些理由都缺乏说服力，因为很多新起的运动与思潮在一开始就表现得无比完美和前卫。

问题也许出在我们的教育体制中。如何把人培养成为艺术家呢？期待由学校来做到这一点是很值得怀疑的。学校可以为传播伟大思想和伟大建筑提供宽广的舞台，但是艺术的种子似乎只眷顾一小部分有天赋的人，并在他们出生时就根植于其身上，而在此后以一种我们并不了解的方式萌发成长。也许建筑院校能做的最好事情就是给有潜力的设计者们提供最广泛的实践经历，告诉他们自己的设计实践会给环境带来什么样的后果，然后就拭目以待了。这样做的结果是，我们至少能得到丑陋但无害的建筑，而不是那些有害的建筑；我们中的艺术家也能在其作品中注入坚实的基础。

在现代运动出现之前，建筑师不断地钻研传统形式，因为这些形式形成的基础和出发点是自然的、有机的。20世纪以前，他们所接受的教育都是传统的有关比例、平衡以及对称等的古典法则。

在最初的200年里，美国建筑师和建造商被一种非常有效的理论假设所指引，尽管这种假设可能通常是未被考证、不精确且不成系统的。这些原则来源于对等的两部分——民间的经验和正规的学术知识。在1826年托马斯·杰斐逊去世之前，所有的建筑师和他们的建筑都是严格按照一种参考框架来规范、建造的，清晰明了地体现了建筑的需要及其意义。

直到19世纪，建筑美学开始出现危机。专业设计人员因为工业化进程而活跃起来。那时，建筑师为富有的商人、企业家工作——给他们提供想要的东西，并且开始疏远普通民众、工厂工人以及建筑师的需求。建筑师疏远了他们真正应该面对的客户，这导致了建筑设计和城市设计中抽象的、程式化的和迂腐的东西开始盛行。

事实上，随着工业化的进程，那些根本的紧张关系（形式与功能之间的）依然存在，且变得更加尖锐，这一过程又准确地反映在当今学校设置的课程中。学校为解决这个悖论所做的学术性的努力，总是以牺牲这个领域的技艺要素为代价。从某个角度看，这是不可避免的，也是我们希望看到的。正如乡村铁匠们制造不了航天飞船一样，木工工作也解决不了现代建筑学上的问题。然而，技能之外的培训正朝着纯技术的角度发展，而不是在总体上对建筑进行真正的科学研究。现代技术因其复杂性变得越来越难获取，建筑师的作用被削弱了。设计变得越来越像一个装配过程，越来越脱离功能性的要求，于是也越来越容易被一时的时尚与流行所影响。

少数有创新精神的人已厌倦对古典的研究，但对于大多数其他人来说，当这个世界在改变时，学习传统原则仍旧是一件安逸的事。而当现代运动不断扩张时，古典原理已不再适用。没有先例，没有古典形式可借鉴。至于什么有用什么无用，也没有这方面的经验，有的只是需要适应的新材料和机械系统。所以，建筑学的教师必须制订出特定的原则，还要创立有关比例、尺寸、构成和形式方面的有待完善的理论。今天的建筑系学生总是陷入与土地无关的思索之中，变得不安稳，使用材料却又违背材料本身的天性。尽管他们竭尽全力想把我们的地球建设得更好，但情况往往并非如此。

问题在于平淡无奇的设计是很便于讲授的，因为它能被简化为一系列的原则；而一个好的设计就不能。弗兰克·劳埃德·赖特在其事业巅峰时创作了几百个富有韵律的优美建筑，但事实上他根本就没有接受过建筑院校的任何培训。他的眼和手如此精确到位，以至于在他设计的许多建筑中很难区分自然和人工的界限。他称自己的作品是"有机的"，这个头衔并非虚名，他明白自己在做什么。

弗兰克·劳埃德·赖特从来都没有进过一所建筑院校。他曾经学习过工程学。正是他的艺术天赋，使得他的作品要远远超出那些仅仅像是机械部件的装配式建筑。

但是在这个世界上，如何创作赖特式的建筑？只怕并无方法可循。我们无法将他的建筑打包并贴上标签，也没有什么比对赖特的建筑一知半解更为糟糕的事情了。也许后人不应该再尝试创作这类的建筑，所以建筑院校对于太过明显地对塔里埃森进行简单重复的作品采取否定的态度，这样的做法可能是正确的。

我们生活在一个充满巨大变革的时代。在这个时代，我们很难发现，那些经受住时代考验、超越时代的人们身上有那些最为明显的特征。当然，有一些法则我们必须遵守。

生命的价值有待体现。符号、场地限制以及历史先例可以引导我们，我们知道主题的简单与和谐，同时设计的限制条件不会让我们气馁。我们甚至因为为数不多的新建筑佳作而欢欣鼓舞。设计的火花——那神圣的火花——还将不断地以某种令人无法捉摸的方式延续下去。

"建筑师就像雕刻家那样利用形式和体块来工作，像画家一样利用色彩来工作。但是这三者之中，只有建筑师的工作才是需要赋予功能的艺术。它将解决实际问题。它为人类创造出工具或者设备，而这种实用性是得出这种结论的决定性的因素。"

（一）普通的建筑师

美国最著名的建筑师的作品，总是频频出现在一些流行杂志和报纸上。我们多少都会关心一下业内的明星在干什么。但是美国孟菲斯和塔科马的普通建筑师在做什么呢？对于日趋恶劣的环境给人们带来的恐惧，他们会做何反应呢？

这个问题恐怕很难讲。但我们从他们在沿街建筑设计中所做的努力来看，他们的反应足以毁掉你一天的好心情。然而，行业的警醒有时间上的迟滞，那些现今拔地而起的建筑毕竟是两三年前甚至更早以前设计过程的产物。你必须观看草图上的方案，才能了解现在的人们正在设计什么样的房间。图纸上，迟到的变革正逐步呈现。然而，现在却没有什么实质性的问题被注意到，你看到的是很多象征主义的东西——太阳能板、特殊玻璃窗等。你也会听到很多关于能量的讨论，其中很多都来源于建筑师阅读广告所获得的环境方面的信息。很多为人们所熟悉的老产品现在都说自己是如何节能，或者如何对土地有利，然而谎言的痕迹太明显了，它们根本就不属于那样的类型。如果它们不会蚕食乡村土地也就无关紧要了，可事实不然。

当然，这就像电影《第五屠宰场》的炸弹一样，引发了一个内缩式的爆炸，使得建设整个重来。轰炸式飞机退回基地以后，在那里炸弹被拆除，被分解成为它们最初的制作材料，又被返还给大地，然后回复成美丽的森林。也许这种想法仅仅是美好的梦想——永远都不会实现的幻想。既然我们现在始终无所事事，消极对待，它们就只能是幻想。但是能够有所转机的话，那么，我们要做的就是创造一个可以变回去的社会，在城市沙漠之外创造富裕的绿色之城。

建筑师应该在这种转变中起到领导的作用，这样说的原因在于，并没有其他的群体已经准备好了丁字尺和绘图板。

（二）行业中的明星

1978 年，建筑师菲利普·约翰逊制造了很多头条新闻，因为他突然放弃了他曾经大力地在美国推广的玻璃和钢建造的盒子。作为他的合作者，约翰·伯奇说："我们之所以转变方向，是因为能源危机导致使用玻璃盒子的限制，看起来我们在这里继续使用这种国际流行风格是错误的……我们想要更充分地表达这个与众不同的时代，努力逃脱那些呆板的平面而采用有凹凸的表面……我们在探索，我们在寻找一条用石材来进行表达的道路。"

建筑师罗伯特·格迪斯看到建筑在"社会形式与物质形式之间做合适连接"的可能性，他相信：正确理解社会机构的本质、价值观、行为规范以及仪式，是建筑师投入工作最有效的途径。

内森·西尔弗（描写关于在美国的柯布西耶复兴）以及五位因这个复兴而出名的

建筑师（世称"纽约五人组"）——彼得·埃森曼、迈克尔·格雷夫斯、查尔斯·格瓦思米、约翰·海杜克、理查德·迈耶认为，他们的作品是"临时的、小尺度的、地方性的和无害的，是具有一定才干的人的作品"，并且以如下方式为他们创作此类作品进行辩护："对于人们想要解决的维修费用和取暖费用的问题，美国尚无此类法案。而对那些在私人空间里过度浪费的行为的道德批判无疑不是完全自由的——在这种情况下对'幸福的追求'又意味着什么呢？"

他们正确地看到了建筑本身没有问题。它们的问题将会被之后的居住者或者已然发挥作用的自然力所修正。

这里，我们只看到美国一些最有天赋和影响力的建筑师，却对各种生命和艺术的生物学基础显然没有给予关注或者说对此无动于衷。首先，说说菲利普·约翰逊，现代建筑时尚的伟大领跑者、AIA（美国建筑师学会）金奖获得者。当在寻找"石材语言"时，他突然做了一个被评论界称为是"齐本德式的摩天楼"的屋顶支架。罗伯特·格迪斯指出：对社会规则的理解应作为建筑师迈出的第一步；无可否认，"纽约五人组"错误运用的柯布式的冒险对这个世界的形态没有任何影响，然而他们的任何举动都被美国的大部分见怪不怪的建筑师所关注和钦佩。美国最大的建筑师队伍——所有的职业人员、所有的学生以及所有的老师——正平静地努力复制着建筑媒体上看到的素材。如果问哪个时代我们需要伟大的设计者，那么就是现在。美国的环境建筑几乎无一例外地表现出令人压抑的丑陋。很多人在看到它的第一眼时，就决定他们不会要其中的任何一部分。在我们这个时代，伟大的时尚引领者和设计者徘徊在风格的复苏中，却忽视了真正恰到好处的建筑潜力。这也许是近几百年来的第一次，我们开始回避成为一个同土地紧密相连的社会——那个我们已然熟知的、一直关注着的建筑所要达到的自然而生态的目标。我们有一个改变整个建成环境的机会——住宅、建筑、高速公路、城市——使它逃离自我毁灭的过程，然而我们时代最睿智、最受尊敬的建筑师却拒绝对此做任何努力。

（三）更大的视野

从宏观的角度来讲，这根本没关系。我们这个时代公众焦点远远不止聚焦在建筑上。刘易斯·芒福德在被问到为什么他再也不报道建筑时，回答说："因为人类文明进程中的现实问题不是建筑师或者其他任何群体能彻底解决的。现实的问题要深奥得多，因此需要更加深入的研究。这就是为什么我的作品在过去的15年中从不涉及建筑和建筑形式的特定原因。我解释了我们曾经做过些什么，看到乏味的生活作为一种生活模式也可以被接受的危险，但是我们的现实问题是需要控制核能量、减少工业污染、使环境达到相对稳定、自我更新并且适宜于各种生命活动的问题，而不光是人类的生活问题。如果我们想要得到一个真正平衡的环境，那么我们就要像关心人类一样地关照细菌和昆虫。这就是整个生态进程的深刻内涵，它正逐步地渗透人们的思想。"当然，从这个观念上来讲，建筑的意义不会比化妆品厚重多少。

（四）温和建筑

"节水"型淋浴喷头真的比传统的雾状喷头能节约水吗？其实，浪费的人用那些小容量的器具也会带来浪费，节约者不论用何种喷头都始终节约。唯一值得使用节水喷头的地方是给人们的耳朵提了个醒，告诫自己不要浪费水资源。这才是真正走向节约的开端。

建筑总是存在边界，从前面的墙一直延伸到后墙。一个建筑往往由一系列坚持己见的专家来构思、规划、投资、建造和操控。而建筑与自然条件及野生动物是如何相互影响的，这些问题在建造决策中都没有一席之地。直到最近，我们才去思考这些问题。现在，机缘使然，我们发现这些问题可能正是建筑的核心。

我们开始逐渐意识到：我们的责任远远不仅是画图和写说明书，也不仅仅是对项目本身的思考。我们再也不能在完成任务之后就一走了之，也不能不进行任何总结和反思就进入对下一个项目的思考之中。

建筑师从那色彩鲜艳的产品目录中挑选材料，然后开始杀鸡取卵式地进行工业化批量加工。从矿山到工厂，再到商店，在大量建造行为的强大力量的肆意扩张下，优美的自然物种逐渐丧失。当它们被装配成完整的建筑，几十年使用结束之后将变成废料一堆，毫无作用。

每天都有巨大的拖车驶进城市。煤、石油、水、纸张、核能、汽油、化学制品、食物——所有的工业产品都直接涌向建筑。在那里它们将消耗变成废弃物，用卡车和管道运走，或者被风吹散，永远地消失。这是建筑物的一部分吗？答案是肯定的。建筑包含了这整个过程。

较好的情况是，建筑师不仅仅组织建筑空间，他们会培训全体员工如何正确使用建筑以实现节能。如果门从左边开，R-40绝缘材料的好处如何体现？如果通过抽干一块湿地，如何来建造一个地下建筑？无论是倒退或进步，脱离土地，走向未来，建筑正以无可计算的代价穿越时空。这不光光是追求一种和谐状态下的地球家园，我们正摸索着的这种温和的建筑方式将带来的益处是无可估量的。

现在，燃料价格已向我们指出了这条道路。住宅耗能、汽车燃料、动力燃料——每一次能源危机都促使我们把视野推广到全球。如果原材料稀缺并且时间充裕，我们也许能建造出超越鲁道夫斯基笔下"没有建筑师的建筑"，但关于造价，每一看似微小的损失都能抵得上成千上万个节水喷头长时间任其自流的耗损。

　　直到建筑师能够推心置腹地告诉他的客户，现行的建造方式和建筑的真实成本的关系时，才算是真正的尽职；直到客户走进建筑，亲自了解这些费用的组成，才算做到了位。

　　但是建筑不应仅仅是一个预算平衡表。无论从哪个角度讲，它都应该是一门艺术。

三、室内设计的定义

　　室内设计是根据建筑物的使用性质、所处环境和相对应的标准，运用物质材料、工艺技术、艺术手段，结合建筑美学原理，创造出功能合理、舒适美观、符合人的生理、心理需求的内部空间；赋予使用者愉悦的，便于生活、工作、学习的理想的居住与工作环境；是满足人们物质和精神生活需要的室内环境。这一空间环境既具有使用价值，满足相应的功能要求，同时也反映了历史文脉、建筑风格、环境气氛等精神因素。例如，建筑大师见聿铭设计的苏州博物馆室内设计（图1-2）就很好地体现了这些特点，在博物馆的室内设计上，运用了大量中式元素，我们可以从室内空间序列、空间构成、空间层次、组织和室内各界面的设计、线条、色彩以及材质的选用等多个角度（图1-3），体会中式元素在现代室内空间中的运用。见聿铭用他独特的视角诠释了一种新的中式风格。就像他曾说："我后来才意识到苏州让我学到了什么。现在想来，应该说那些经验对我后来设计是相当有影响的，它使我意识到人与自然共存，而不只是自然而已。创意是人类的巧手和自然的共同结晶，这是我从苏州园林学到的。"

图1-2　苏州博物馆接待大厅

图 1-3　苏州博物馆的廊道

　　室内设计是建立在四维空间基础上的艺术设计门类，包括空间环境、室内环境、陈设装饰。现代主义建筑运动使室内从单纯界面装饰走向建筑空间，再从建筑空间走向人类生存环境。

　　上述定义明确地把"创造满足人们物质和精神生活需要的室内环境"作为室内设计的目的，即以人为本，一切围绕为人的生活、生产活动创造美好的室内环境。

　　室内设计涉及人体工程学、环境心理学、环境物理学、设计美学、环境美学、建筑学、社会学、文化学、民族学、宗教学等相关学科。室内设计是为满足一定的建造目的（包括人们对它的使用功能的要求、对它的视觉感受的要求）而进行的准备工作，对现有的建筑物内部空间进行深加工的增值准备工作。室内设计的目的是为了让具体的物质材料在技术、经济等方面，在可行性的有限条件下形成能够成为合格产品的准备工作。室内设计需要工程技术上的知识，也需要艺术上的理论和技能。室内设计是从建筑设计中的装饰部分演变出来的，它是对建筑物内部环境的再创造。室内设计范畴非常宽广，现阶段从专业需要的角度出发，可以分为公共建筑空间设计和居住空间设计两大类。当提到室内设计时，我们会提到的还有动线、空间、色彩、照明、功能等相关的重要专业术语。室内设计泛指能够实际在室内建立的任何相关物件，包括墙、窗户、窗帘、门、表面处理、材质、灯光、空调、水电、环境控制系统、视听设备、家具与装饰品的规划等。

现代室内设计，也称室内环境设计，相对来说，是环境设计系列中与人们关系最为密切的环节。它包括视觉环境和工程技术方面的问题，也包括声、光、电、热等物理环境以及氛围、意境等心理环境和文化内涵等内容。室内设计的总体，包括艺术风格。从宏观来看，往往能从一个侧面反映相应时期社会物质和精神生活的特征。随着社会发展，历代的室内设计总是具有时代的印记，犹如一部无字的史书。这是由于室内设计从设计构思、施工工艺、装饰材料到内部设施，必须和当时社会的物质生产水平、文化和精神状况联系在一起；在室内空间组织、平面布局和装饰处理等方面，也和当时的哲学思想、美学观点、社会经济、民俗民风等密切相关。从微观来看，室内设计水平的高低、质量的优劣又都与设计师的专业素质和文化艺术素养等联系在一起。至于各个单项设计最终实施后成果的品位，又和该项工程具体的施工技术、用材质量、设施配置情况，以及与建设者的协调关系密切相关，即设计是具有决定意义的最关键的环节和前提，但最终成果的质量有赖于"设计—施工—用材—与业主关系"的整体协调。

设计构思时，需要运用物质技术手段，即各类装饰材料和设施设备等，这是容易理解的；还需要遵循建筑美学原理，这是因为室内设计的艺术性，除了有与绘画、雕塑等艺术之间共同的美学法则之外，作为"建筑美学"，更需要综合考虑使用功能、结构施工、材料设备、造价标准等多种因素。建筑美学总是和实用、技术、经济等因素联系在一起，这是它有别于绘画、雕塑等纯艺术的差异所在。可以看出，室内设计是感性与理性的结合，只有两者高度协调，才能确保室内设计最终的完美使用效果。

现代室内设计既有很高的艺术性要求，其涉及的设计内容又有很高的技术含量，并且与一些新兴学科，如人体工程学、环境心理学、环境物理学等关系极为密切。现代室内设计已经在环境设计中发展成为独立的新兴学科。

室内设计作为环境艺术设计中的重要组成，起源于17世纪，是从建筑设计中的装饰部分剥离开来的一种设计。室内设计的快速发展是在20世纪60年代，因此，室内设计对于历史悠久的建筑艺术来讲，不算成熟，但却有着极为重要的作用。室内设计可以理解为一种人工环境，它具有一定的视觉限制性，可以满足人类的生理和精神上的要求，可以保障人类的生活生产活动，同时又具备一定的精神效用。室内设计是工程技术与艺术、功能等方面的完美结合。

室内设计同其他建筑设计分支相比，更加具有难度，因为室内设计不光要兼具美感、合理性，还要"以人为本"，更多地考虑到人的感受，设计要符合人的需求。好的室内设计可以带给人们舒适、愉悦、兴奋等。

按照建筑物的使用目的来分类，室内设计可以分为住宅室内设计和公共室内设计两种。室内设计的主要部分是室内装饰的设计，它的设计方面非常广泛，不仅需要设计师有一定的设计功底，还要兼备心理学知识、社会学知识、经济学知识、人文文化等理论知识。室内装饰设计可以赋予建筑设计以灵魂，它不仅是一种设计艺术，同时也是一种文化的体现。

室内装饰设计的风格可以是多元化的，包括：传统风格 [中国的传统风格，例如明清时代的建筑特征（图 1-4），传统工艺品，蕴含道家思想、佛学禅理的设计理念等；西方古典的装饰风格，例如欧洲文艺复兴时期的建筑特征，古希腊（图 1-5）、古罗马（图 1-6）的风格等]；简约风格，通过对色彩和装饰材料的高要求，虽然高度简化了设计设备的材料、工艺，但设计的质感仍然鲜明；新古典主义风格，结合了传统的古典主义设计风格与现代的简约主义设计风格，在保留传统设计特色的同时，极大地简化了装饰的线条。

其中，室内装饰设计的风格还包括自然主义设计风格，其主要强调：设计的造型趋于自然，减少刻意的雕琢。这种崇尚自然的设计风格来源于 19 世纪的英国工艺美术运动，推崇自然之风，多采用当地取材的自然材料，如岩石、木材等。减少材料的工业加工，通过设计透露出人类亲近自然的感觉，表达了人类与自然和谐共处、热爱自然的理念。

图 1-4　北京恭王府

图 1-5　托罗斯神殿

图 1-6　古罗马竞技场

三、设计要素

（一）空间要素

空间的合理化并给人们以美的感受是设计的基本任务。要勇于探索时代、技术赋予空间的新形象，不要拘泥于过去形成的空间形象。

（二）色彩要求

室内色彩除对视觉环境产生影响外，还直接影响人们的情绪、心理。科学的用色有利于工作，有助于健康。色彩处理得当既能符合功能要求又能取得美的效果。室内色彩除了必须遵守一般的色彩规律外，还随着时代审美观的变化而有所不同。

（三）光影要求

人类喜爱大自然的美景，常常把阳光直接引入室内，以消除室内的黑暗感和封闭感，特别是顶光和柔和的散射光，使室内空间更为亲切自然。光影的变换，使室内更加丰富多彩，给人以多种感受。

（四）千变万化要素

室内整体空间中不可缺少的建筑构件、如柱子、墙面等，结合功能需要加以装饰，可共同构成完美的室内环境。充分利用不同装饰材料的质地特征，可以获得千变万化和不同风格的室内艺术效果，同时还能体现地区的历史文化特征。

（五）陈设要素

室内家具、地毯、窗帘等，均为生活必需品，其造型往往具有陈设特征，大多数起着装饰作用。实用和装饰二者应互相协调，求的功能和形式统一而有变化，使室内空间舒适得体，富有个性。

（六）绿化要素

室内设计中绿化以成为改善室内环境的重要手段。室内移花栽木，利用绿化和小品以沟通室内外环境、扩大室内空间感及美化空间均起着积极作用。

四、室内设计的原则

（一）功能性原则

功能性原则包括满足与保证使用的要求，保护主体结构不受损害和对建筑的立面、室内空间等进行装饰这三个方面。

（二）安全性原则

无论是墙面、地面或顶棚，其构造都要求具有一定强度和刚度，且符合计算要求，特别是各部分之间的连接节点，更要安全可靠。

（三）可行性原则

之所以进行设计，是要通过施工把设计变成现实。因此，室内设计一定要具有可行性，力求施工方便，易于操作。

（四）经济性原则

要根据建筑的实际性质不同和用途确定设计标准，不要盲目提高标准，单纯追求艺术效果，造成资金浪费，也不要片面降低标准而影响效果。重要的是在同样造价下，通过巧妙地构造设计达到良好的实用与艺术效果。

（五）搭配原则

要满足使用功能、现代技术、精神功能等要求。

五、室内设计的特点

对室内设计含义的理解，以及它与建筑设计的关系，从不同的视角、不同的侧重点来分析，许多学者都有不少具有深刻见解、值得我们仔细思考和借鉴的观点。例如：认为室内设计"是建筑设计的继续和深化，是室内空间和环境的再创造"；认为室内设计"是建筑的灵魂，是人与环境的联系，是人类艺术与物质文明的结合"。

我国建筑师戴念慈先生认为："建筑设计的出发点和着眼点是内涵的建筑空间，把空间效果作为建筑艺术追求的目标，而界面、门窗是构成空间必要的从属部分。从属部分是构成空间的物质基础，并对内涵空间使用的观感起决定性作用，然而毕竟是从属部分。至于外形只是构成内涵空间的必然结果。"

建筑大师普拉特纳（W.Platner）则认为，室内设计"比设计包容这些内部空间的建筑物要困难得多"，这是因为在室内"你必须更多地同人打交道，研究人们的心理因素以及如何能使他们感到舒适、兴奋。经验证明，这比同结构、建筑体系打交道要费心得多，也要求有更加专门的训练"。

美国前室内设计师协会主席亚当（G.Adam）指出：室内设计涉及的工作比单纯的装饰广泛得多，他们关心的范围已扩展到生活的每一方面，例如住宅、办公、旅馆、餐厅的设计，提高劳动生产率，无障碍设计，编制防火规范和节能指标，提高医院、图书馆、学校和其他公共设施的使用率。总之，给予各种处在室内环境中的人以舒适和安全。

白俄罗斯建筑师巴诺玛列娃（Eo. Ponomaleva）认为，室内设计是设计"具有视觉限定的人工环境，以满足生理和精神上的要求，保障生活、生产活动的需求"，室内设计也是"功能、空间形体、工程技术和艺术的相互依存和紧密结合"。

六、室内设计的分类

根据建筑物的使用功能，室内设计做了如下分类。

（一）居住建筑室内设计

居住建筑室内设计主要涉及住宅、公寓和宿舍的室内设计，具体包括前室、起居室、餐厅、书房、工作室、卧室、厨房和浴厕设计。

（二）公共建筑室内设计

（1）文教建筑室内设计。主要涉及幼儿园、学校、图书馆、科研楼的室内设计，具体包括门厅、过厅、中庭、教室、活动室、阅览室、实验室、机房等室内设计。

（2）医疗建筑室内设计。主要涉及医院、社区诊所、疗养院的建筑室内设计，具体包括门诊室、检查室、手术室和病房的室内设计。

（3）办公建筑室内设计。主要涉及行政办公楼和商业办公楼内部的办公室、会议室以及报告厅的室内设计。

（4）商业建筑室内设计。主要涉及商场、便利店、餐饮建筑的室内设计，具体包括营业厅、专卖店、酒吧、茶室、餐厅的室内设计。

（5）展览建筑室内设计。主要涉及各种美术馆、展览馆和博物馆的室内设计，具体包括展厅和展廊的室内设计。

（6）娱乐建筑室内设计。主要涉及各种舞厅、歌厅、KTV、游艺厅的建筑室内设计。

（7）体育建筑室内设计。主要涉及各种类型的体育馆、游泳馆的室内设计，具体包括用于不同体育项目的比赛和训练及配套的辅助用房的设计。

（8）交通建筑室内设计。主要涉及公路、铁路、水路、民航的车站、候机楼、码头建筑，具体包括候机厅、候车室、候船厅、售票厅等的室内设计。

（三）工业建筑室内设计

工业建筑室内设计主要涉及各类厂房的车间和生活间及辅助用房的室内设计。

（四）农业建筑室内设计

农业建筑室内设计主要涉及各类农业生产用房，如种植暖房、饲养房的室内设计。

七、室内设计与建筑设计

室内设计是随着人们生活水平的提高而发展起来的一个独特行业，但从其发展历程来看，它和建筑设计却是密不可分的。从现代室内设计风格的形成历史来看，几乎所有的室内设计风格都是由建筑风格演变来的，而且其造型和结构特点也是和建筑一脉相承的。

室内设计在没有成为一个单独的行业之前，只是建筑设计的一部分。室内设计的任务是由建筑设计师来完成的，而且室内设计的工程多半是和建筑工程一起完成的。现代室内设计已经逐渐成为完善整体建筑环境的一个组成部分，是建筑设计不可分割的重要内容，它受建筑设计的制约较大，视觉环境、心理环境、物理环境、技术构造、文化内涵的营造，集物质与精神、科学与艺术、理性与感性于一体。

建筑设计与室内设计对空间的关注，考虑问题的角度与处理空间的方法有别，建筑设计更多地关注空间大的形态、布局、节奏、秩序与外观形象，而不会面面俱到地将内部空间一步设计到位，室内设计与建筑设计是相辅相成的，是对建筑设计的延续和发展，建筑设计形成的室内空间是室内设计若干程序的设计基础。

对室内设计定义的理解以及它与建筑设计的关系，从不同的视角、不同的侧重点来分析，许多学者都有不少具有深刻见解、值得我们仔细思考和借鉴的观点。例如，认为室内设计"是建筑设计的继续和深化，是室内空间和环境的再创造"；认为室内"是建筑的灵魂，是人与环境的联系最紧密环节，是人类艺术与物质文明的完美结合"。我国建筑师戴念慈先生认为："建筑设计的出发点和着眼点是内涵的建筑空间，把空间效果作为建筑艺术追求的目标，而界面、门窗是构成空间必要的从属部分。从属部分是构成空间的物质基础，并对内涵空间使用的观感起决定性作用，然而毕竟是从属部分。至于外形只是构成内涵空间的必然结果。"

国外建筑师普拉特纳则认为，室内设计"比设计包容这些内部空间的建筑物要困难得多"，这是因为在室内"你必须更多地同人打交道，研究人们的心理因素以及如何能使他们感到舒适、兴奋。经验证明，这比同结构、建筑体系打交道要费心得多，也要求有更加专门的训练"。

所以，室内设计与建筑设计是相互联系、相互影响和相互制约的，优秀的建筑设计应有好的室内空间，而优秀的室内设计应该是建筑设计的延伸与深化。例如，法国建筑师保罗·安德鲁设计的中国国家大剧院就很好地阐释这样的设计意境。

八、室内设计师

室内设计师是一种从事室内设计专门工作的专业设计师，重点是把客人对建筑室内空间的使用需求，转化成事实；着重沟通、了解客人的期望，在有限的空间、时间、科技、工艺、物料科学、成本等压力之下，创造出实用及美学并重的全新空间，并被客户欣赏。

纵观室内设计师所从事的工作，其包括了艺术和技术两个方面。室内设计就是为特定的室内环境提供整体的、富有创造性的解决方案，它包括概念设计、运用美学和技术上的办法以达到预期的效果。"特定的室内环境"是指一个特殊的、有特定目的和有特定用途的成形空间。

室内设计本身不仅仅考虑一个室内空间视觉和周围效果的改善，它还寻求建筑环境所使用材料的协调和最优化。因此，室内设计就是"实用、美观和有助于达到预期目的，诸如提高生产力、提高商品销售量或改善生活方式"。

一个成熟的室内设计师必须要有艺术家的素养、工程师的严谨思想、旅行家的丰富阅历和人生经验、经营者的经营理念、财务专家的成本意识。有一位设计界的前辈认为，设计即思想，设计是设计师专业知识、人生阅历、文化艺术涵养、道德品质等诸方面的综合体现。只有内在的修炼提高了，才能做出作品、精品、上品和神品，否则，就只是处于初级的模仿阶段，流于平凡。一个人品、艺德不高的设计师，他的设计品位也不会有高的境界。因此，室内设计师应该掌握：美术基础理论、室内平面制图、室内效果图渲染、效果图后期处理、装饰预算、装饰材料、实用工具、建筑风水学等。其基本要求如下。

（一）知识积累

室内设计师必须知道各种设计会带来怎样的效果，譬如不同的造型所得的力学效果，实际实用性的影响，所涉及的人体工程学、成本和加工方法等等。这些知识绝非一朝一夕就可以掌握的，而且还要融会贯通、综合运用。

（二）创造力

丰富的想象、创新能力和前瞻性是必不可少的，这是室内设计师与工程师的一大区别。工程设计采用计算法或类比法，工作的性质主要是改进、完善而非创新；造型设计则非常讲究原创性和独创性，设计的元素是变化无穷的线条和曲面，而不是严谨、烦琐的数据，"类比"出来的造型设计不可能是优秀的。

（三）艺术功底

艺术功底，简单而言是画画的水平，进一步说则是美学水平和审美观。全世界没有一个室内设计师是不会画画的，"图画是设计师的语言"。虽然现今已有其他能表达设计的方法（如计算机），但纸笔作画仍是最简单、最直接、最快速的方法。事实上，虽然用计算机、模型可以将构思表达得更全面，但最重要的想象、推敲过程绝大部分都是通过简易的纸和笔来进行的。

（四）设计技能

设计技能包括油泥模型制作的手工和计算机设计软件的应用能力等。当然，这些技能需要专业的培养训练，没有天生的能工巧匠，但较强的动手能力是必需的。

（五）工作技巧

工作技巧，即协调和沟通技巧。这里牵涉管理的范畴，但由于设计对整个产品形象、技术和生产都具有决定性的指导作用，所以善于协调、沟通才能保证设计的效率和效果。这是对现代室内设计师的一项附加要求。

（六）市场意识

设计中必须要考虑生产（成本）和市场（顾客的口味、文化背景、环境气候等等）。脱离市场的设计肯定不会好卖，那室内设计师也不会好过。

（七）职责

设计师应是通过与客户的洽谈以及现场勘察，尽可能多地了解客户从事的职业、喜好、业主要求的使用功能和追求的风格等。

总之，为了适应当今社会的需要，作为室内设计从业人员的素质要求会越来越高，室内设计师必须不断地提高自身素养，积累经验，才能做好设计。

九、关于室内设计的一些观点

从创造出满足现代功能、符合时代精神的要求出发，室内设计强调需要确立下述的一些基本观点。

（一）设计必须以满足人和人际活动的需要为核心

室内设计针对不同的人、不同的使用对象，考虑他们不同的要求。空间设计，需要注意研究人们的行为心理、视觉感受方面的要求。不同的空间给人不同的感受。

"为人民服务，这正是室内设计社会功能的基石。"室内设计的目的是通过创造室内空间环境为人服务，设计师始终需要把人对室内环境的要求，包括物质使用和精神两方面，放在设计的首位。

室内设计需要满足人们的生理、心理等要求，需要综合地处理人与环境、人际交往等多项关系，需要在为人服务的前提下，综合解决使用功能、经济效益、舒适美观、环境氛围等种种要求。设计及实施的过程中还会涉及材料、设备、定额法规以及与施工管理的协调等诸多问题。可以认为，室内设计是一项综合性极强的系统工程，但是室内设计的出发点和归宿只能是为人和人际活动服务。

从为人服务这一"功能的基石"出发，需要设计师细致入微、设身处地地为人们创造美好的室内环境。因此，室内设计特别重视人体工程学、环境心理学、审美心理学等方面的研究，用以科学地、深入地了解人们的生理特点、行为心理和视觉感受等方面对室内环境的设计要求。

针对不同的人、不同的使用对象，相应地，室内设计师应该考虑各有不同的要求。例如，幼儿园室内的窗台，考虑到适应幼儿的尺度，窗台高度常由通常的900～1000mm降至450～550mm，楼梯踏步的高度也在12cm左右，并设置适应儿童和成人尺度的两档扶手；一些公共建筑顾及残疾人的通行和活动，在室内外高差、垂直交通、卫生间盥洗等许多方面应做无障碍设计。上面的两个例子，着重是从不同人群的行为生理特点来考虑的。

在室内空间的组织、色彩和照明的选用方面，以及对相应使用性质室内环境氛围的烘托等方面，室内设计师更需要研究人们的行为心理、视觉感受方面的要求。例如，教堂高耸的室内空间具有神秘感，会议厅规正的室内空间具有庄严感，娱乐场所绚丽的色彩和缤纷闪烁的照明给人以兴奋、愉悦的心理感受。我们应该充分运用现时可行的物质技术手段和相应的经济条件，创造出首先是为了满足人和人际活动所需的室内人工环境。

（二）设计要加强整体环境观

室内设计的立意、构思、风格和环境氛围的创造，需要着眼于环境的整体、文化特征以及建筑功能特点等多方面考虑。

（1）宏观环境：（自然环境）太空、大气；山川森林、平原草地；气候地理特征、自然景色、当地材料等。

（2）中观环境：（城乡、街坊及室外环境）城镇及乡村环境；社区街坊建筑物及室外环境；历史文脉、民俗风情、建筑功能特点、形体、风格。

（3）微观环境：（室内环境）各类建筑的室内环境；室内功能特点、空间组织特点、风格。从整体观念上来理解，室内设计是环境设计系列中的"链中一环"。设计需要对环境整体有足够的了解和分析，室内设计或称室内环境设计，这里的"环境"着重有两层含义。

一层含义是，室内环境是指包括室内空间环境、视觉环境、空气质量环境、声光热等物理环境、心理环境等许多方面。在室内设计时，固然需要重视视觉环境的设计，但是不应局限于视觉环境，对室内声光热等物理环境、空气质量环境以及心理环境等因素也应极为重视，因为人们对室内环境是否舒适的感受，总是综合的。一个闷热、噪音背景很高的室内，即使看上去很漂亮，待在其中也很难给人愉悦的感受。

另一层含义是，把室内设计看成自然环境—城乡环境—社区街坊、建筑室外环境—室内环境，这一环境系列的有机组成部分，是"链中一环"，它们相互之间有许多前因后果，或相互制约和提示的因素存在。

香港室内设计师D·凯勒先生在浙江东阳的一次学术活动中，曾认为旅游酒店室内设计的最主要的一点应该是，让旅客在室内很容易联想到自己是在什么地方。明斯克建筑师E·巴诺玛列娃也曾提到"室内设计是一项系统，它与下列因素有关，即整体功能特点、自然气候条件、城市建设状况和所在位置，以及地区文化传统和工程建造方式等等"。环境整体意识薄弱，就容易就事论事。"关起门来做设计"，使创作的室内设计缺乏深度，没有内涵。当然，使用性质不同、功能特点各异的设计任务，相应地对环境系列中各项内容联系的紧密程度也有所不同。但是，从人们对室内环境的物质和精神两方面的综合感受说来，仍然应该强调对环境整体应予充分重视。

（三）设计是强调科学性与艺术性结合

现代设计的又一个基本点，是在室内设计过程中高度重视科学性、艺术性及其相互之间的结合。

（1）科学性：包括新型材料、结构构成、施工工艺，良好的声、光、热环境的设施设备，以及设计手段的变化（电脑设计）等。

从建筑和室内发展的历史来看，设计的科学性具有创新精神的新风格的兴起，总是和社会生产力的发展相适应。社会生活和科学技术的进步、人们价值观和审美观的改变，促使室内设计必须充分重视并积极运用当代科学技术的成果。见聿铭先生的华盛顿艺术馆东馆室内透视的比较方案，就是以计算机绘制的，这些精确绘制的非直角的形体和空间关系，极为细致真实地表达了室内空间。

（2）艺术性：在重视物质技术手段的同时，室内设计应高度重视建筑美学原理，重视创造具有表现力和感染力的室内空间形象，重视具有视觉愉悦和文化内涵的室内环境。使生活在现代社会高科技、高节奏中的人们，在心理上、精神上得到平衡，即现代建筑和室内设计中的高科技和高情感问题。室内空间的艺术性，是人类心理层面的至上精神追求。

（3）科学性与艺术性：遇到不同的类型和功能特点的室内环境可能有所侧重，但从宏观整体的设计观念出发，仍需二者结合。总之，要达到生理要求与心理要求的平衡和综合。在具体工程设计时，科学性与艺术性两者绝不是割裂或者对立，而是可以密切结合的。设计师丹尼尔·克拉里斯设计的武汉火车站，选择站场雨篷与车站屋顶的一体化设计塑造形成黄鹤意象。采用了钢管拱、网壳、桁架、树枝状单元结构等新型结构形式，巧妙满足了建筑外部造型和内部空间的需要，实现了建筑和结构的有机结合，结构的构成和构件本身又极具艺术表现力，很好地体现了科学性与艺术性的结合。

（四）设计注意时代感与历史文脉并重

历史文脉并不能简单地从形式、符号来理解，而是广义地涉及规划思想、平面布局、空间组织特征，以及设计中的哲学思想和观点。

人类社会的发展，不论是物质技术的，还是精神文化的，都具有历史延续性。追踪时代和尊重历史，就其社会发展的本质来讲是有机统一的。在生活居住、旅游休息和文化娱乐等类型的室内环境里，室内设计都有可能因地制宜地采取具有民族特点、地方风格、乡土风情，充分考虑历史文化的延续和发展的设计手法。日本著名建筑师丹下健三设计的东京奥运会设计的代代木国立竞技馆，尽管是一座采用悬索结构的现代体育馆，但从建筑形体和室内空间的整体效果，确实可说它既具时代精神又有日本建筑风格的某些内在特征；它不是某些符号的简单搬用，而是体现这一建筑和室内环境既具时代感又尊重历史文脉的整体风格。

（五）设计把握动态与可持续性发展

（1）室内设计动态发展观点：市场经济、竞争机制；购物行为和经营方式的变化；新型装饰材料、高效照明、设施设备推出；防火规范、建筑标准的修改等。

这些因素都将促使现代室内设计在空间组织、平面布局、装修构造设施安装等方面都留有更新、改造的余地。把室内设计的依据因素、使用功能、审美要求等等，都不能看成是一成不变的，而应以动态发展的过程来认识和对待。现今，我国城市不少酒楼、专卖店等的更新周新也只有 2～3 年；星级酒店、宾馆的更新周期也只有 5～8 年。

（2）可持续性发展：各类人为活动应重视有利于今后在生态、环境、能源、土地利用等方面的可持续发展。

"可持续发展"一词最早是在 20 世纪 80 年代中期欧洲的一些发达国家提出来的。1989 年 5 月，联合国环境署发展了《关于可持续发展的声明》，提出"可持续发展系指满足当前需要而不削弱子孙后代满足其需要之能力的发展"。1993 年，联合国教科文组织和国际建筑师协会共同召开了"为可持续的未来进行设计"的世界大会。

因此，联系到现代室内环境的设计和创造，设计者必须不是急功近利、只顾眼前，而要确立节能、充分节约与利用室内空间、力求运用无污染的"绿色装饰材料"以及创造人与环境、人工环境与自然环境相协调的观点，满足动态和可持续的发展观。即要求室内设计师既考虑发展有更新可变的一面，又考虑到发展在能源、环境、土地、生态等方面的可持续性。

第二节　室内设计的现状

一、现代室内设计的现状

随着经济和技术的快速发展，当人们拥有了自己的住所后，装饰也与之相伴而行。自改革开放以来，随着社会的进步、经济的发展和我国综合国力的提高，人们的物质和精神生活发生了日新月异的变化。我国人均收入水平的提高，现代人们都拥有着自己的住房，房屋装饰也就成了必要消费。自改革开放后，人们的精神文明和物质文明也受到了外来的影响，消费观念和消费方式都在日益变化，各种文化相互融合，人们的精神文化需求和审美眼光不断地提升，室内装饰技术手法不断进步，室内设计也在飞速发展。但地区发展的水平参差不齐，设计的形态和手法多种多样，室内设计呈现多元化趋势。

快速的发展和被推崇的个人主义使现代人对设计有了更高的要求和更高的品位。设计，简单的可以说成是美的释放，被美化的产品、包装、页面、服装、室内外空间等，即是人们对它们的一种要求，更体现了人类文明，以及自己的意识形态。北京、上海、广州以及沿海的大城市，环境优良，各种文化流底蕴深厚，高学历人群集中，整体性的人文素质比较高。与此同时，国外不同文化、意识与思维方式快速大量地融入，最新的全球同步信息得以快速的传播，导致大城市成了各种思潮、不同意识形态在各个不同层面上高度集中的场所。也可以说，都市的生活是高情感、高物质、高节奏的。这种不同的思潮、思维方式及其延伸，导致了复杂的、参差不齐的多种不同的心理追求，在这种情况下，城市中的室内设计与装饰设计彰显出极强的前卫性与复杂性。

可以看出，多元化已成为今天信息时代设计的主流，但在当前"多元化"的背后，不是百花齐放的繁荣，而是各行其是的芜杂。新颖时髦的词汇掩饰不住模仿的痕迹，我们共享着西方的可口可乐与各种小汽车及好莱坞大片，但别人却不共享我们的格律诗与儒家理学。"每一个设计师都被鼓励去发现一个轮子，要滚动，但却不是圆的。"现在，很多设计师没有从特定的空间特定的功能出发，用最接近原创的语言去设计，而是在根据互联网和杂志上的图片进行拼贴想象设计。例如，设计要"以人为本"么，很多残疾人厕所放在离入口最远处，说这样好看点；要"地域性"么，几十吨的云南巨石放到北方办公大楼的大堂；要"生态"么，北京小区庭院里设计了很多喷水池有水，最后能见到的就是干涸的充满灰尘沟槽；要"前卫一点"么，屋顶墙面全都是玻璃制造（不管气候地点是否适宜）。

全球经济的一体化，各国的文化也相互渗透，我们开始吸取外国优秀的设计理念，结合本土的文化，形成符合当地的设计特色运用到室内设计中。在我国经济发展快速的大城市及沿海地区，历史文化底蕴浓厚，高素质人才聚集，人们的接受力及辨别吸收能力强，室内设计有了很多新的尝试和探索。由于科学技术的发展，装饰材料不断地更新研发，施工手段更加进步。室内装饰设计表现出极强的前卫性、多样性、复杂性、先进性。但是在发展的同时，有些过于照搬别国的设计理念，盲目跟风，别国的不一定是最好的，要适合本国的设计理念才是最好的。所以，在借鉴的同时也要考虑到当地的地域文化，选择性的吸取，并加以融合，设计出更适合人们的室内空间。在我国的室内设计中，随着商业化的发展，设计之间存在着不少的抄袭现象，施工中偷工减料，设计和施工都不够严谨，有待室内设计市场进一步优化和完善。

随着社会的进步、经济的发展和我国的综合国力的提高，人们的物质和精神生活发生了日新月异的变化。消费观念和消费方式也都与时俱进，室内装饰成了消费的一个重要内容。随着对装饰标准与质量的需求不断提高，人们必然要求住宅建设不断增加科技含量，实现住宅产业的现代化，进而要求其内部设计要打破以往的盒子式设计，使功能空间更加明晰，住宅部件设计向系列化、集约化、智能化、配套化方向发展。中国室内设计发展到现在也已具有一定规模，虽然与发达国家有一定的差距，但它的发展在当下也呈现出新的时代特征。

（一）多元性

进入 21 世纪以后，随着信息化时代的到来、国际交流的增加，世界已连成一体。室内设计也不例外，各国带有民族性、地域性的优秀设计涌入中国，各种流派、各种不同风格的设计影响着中国的室内设计，每种设计不尽相同，但又相互协调，彰显出个性。而中国的设计师在相互交流中汲取营养，相互渗透，有利于在国内形成一个蓬勃发展的多元化格局。

（二）复合性

随着科技的高速发展，新材料的不断出现，新的设计理念的提出，传统设计观念不断受到挑战和突破。技术与艺术、传统与现代、外来文明与本土文化、不同地域的各种设计，形成了不同组合方式的复合性设计。它不是各种形式任意的拼凑，也不是任何无次序的权宜变通，它是传统与现代、西方与东方的设计观念的融合，是多样的设计语言的体现。

（三）时效性

新设计替代旧设计、新材料替代旧材料、新理念替代旧理念，中国的室内设计也慢慢跟上时代发展的步伐，由 20 世纪八九十年代流行的盲目模仿欧式的设计到现在影响深刻的亚设计流派；由最初的"生存意识"进展到现在的"环保意识"，中国的室内设计在其中寻找契机，寻找突破，紧跟着时代发展的需要。

二、室内设计存在的问题

信息时代给我们带来无尽的资讯，科学技术的发展像计算机为我们设计提供了有效而迅捷的手段，但我们的设计文化却面临着重大的挑战。让我们设计不忘民族传统，也不是让我们向别人翻出陈年老账，而是向世界创造出你对未来世界的独特想象。

（一）创新精神的缺乏

室内设计如何创新，是一个长期的热门话题，它主要针对当前建筑室内设计创作中存在的一些问题,如忽视室内环境的特点和要求、忽视建筑形式与内部空间的整体性、盲目照抄照搬、盲目追赶潮流、忽视材料特性、盲目听命于甲方老板、追求高效益。

室内设计固然可以借鉴国内外传统和当今已有设计成果,但不应是简单的"抄袭"或不顾环境和建筑类型的"套用"。很多设计师更加看重的是表层的形成,而不是深层次的精神,缺乏大胆的探索和积极的创新。

目前,我国装饰业抄袭现象非常严重,很少有颇具功力的创新之作。随着我国室内装饰行业不断完善和发展,设计师应对已知的设计因素和设计意图进行分析和研究。从视觉效果、整体把握到细节处理等,设计师都应心中有数。一切艺术创作的创新问题都是一个永恒的课题,因为没有创新就没有发展,所谓标新立异、推陈出新,都是指在继承过去设计创作成果的基础上,开拓新思路、发掘新的艺术表现形式,寻找新题材。在建筑创作范畴,还要探索新结构、新技术领域、开拓新的材料来源。我国现阶段的室内设计,由于受社会经济和文化发展阶段的制约,还没有形成既结合国情,又具有鲜明时代感的设计风格趋向,普遍出现照抄照搬西洋或中国古代建筑样式或装饰部件的情况,这就是社会上公认的以拼凑代替设计的现象。笔者认为,关于创新的问题应从设计师的教育和素质抓起,培养专业的设计人才。

(二)专业人才的培养问题

下面就要谈谈装饰装修专业人才的培养。这是解决诸多问题的迫切又长远的要求。我国现有的建筑装饰设计人员普遍存在水平不高的问题。他们是什么样的工程都设计,但往往不精、不准、不够专业,相关知识不够全面,设计中往往顾此失彼。设计专业水平的提高问题已被提上了日程。

首先,要实现设计师的专业化细分,因为市场是多样化的。不同的项目有不同的侧重点,需要大量专业化知识才能解决。在设计中,设计师只有深入了解相关知识,掌握其精髓,才可能设计出优秀的作品,我们的生活之中不正需要许许多多优秀的装饰装修设计作品吗?

其次,要大力推广在职设计师专业考核制度,尽量专业化与持证上岗。为提高设计师队伍的素质,各院校的环境艺术与建筑装饰设计专业,也要积极探索新的教学模式。学校本身就是专业学术研究的基地。学校教学不仅要紧跟市场潮流,还要积极探索新东西为社会所用,这些是我国大部分院校所做不到的。有的院校还在根据多年前的教学经验给学生上课,如建筑装饰设计专业仍以美术、美学、绘图为主。即使开设"人体工程学"课程也是一带而过。由于装饰设计的潮流和材料的更新较快,这导致了教材等一系列配套设施跟不上时代,也导致出现应届毕业生在短期内不能适应工作需要，公司还要重新对其进行培养的问题。目前国内相关专业的大学毕业生无论从数量上还是质量上都远远满足不了市场的需求。建筑装饰行业是目前最具潜力的朝阳产业之一，未来 30 ～ 50 年都处于一个高速上升的阶段，具有可持续发展的潜力。

设计师是为解决问题而谋划之人，需要主动善意地寻求解决问题的方法和过程。设计师应以人为利，利用物化元素进行机能的空间定位，实现室内设计健康、安全、便捷、经济、文化、可持续发展，个性与有品质的生活环境。但是，这样的专业设计师在我们的职业团体内还不多。

（三）设计方式不够多元化

电脑和互联网的优势有目共睹，尤其是互联网已成为国内设计师收集资料、与外界沟通的一个主渠道。然而，再完备先进的设备终究替代不了人脑，过多依赖电脑制图，忽略了传统的手绘草图，设计方式显得单一片面。甚至有的设计师连最基本的绘图都不懂，色彩不会把握。完全依靠电脑软件制图，从而使设计失去艺术感。设计不能光靠电脑去表现，而应该结合手绘、模型等一系列的东西表现出来，让设计更美，更适合人们的需要。

（四）缺乏健全的体制

由于室内设计装饰是一个新型起来的行业，所以我国缺乏健全的行业体制和政策法规。中国不缺设计师，也不缺乏好的设计师，缺乏的是中国室内设计行业的体制。室内设计师，在欧洲、美洲分别分为室内建筑设计师、室内装饰设计师、室内陈设计师。在中国，它的身份很含糊，定义不清晰，也是当今室内设计行业的现状之一。在国内从事室内设计行业的人，被称为效果图设计师、施工图设计师、监理设计师、配饰设计师、方案设计师等，但前面三者只不过是国内某些从事设计的企业给"图夫"一个好听的名字罢了。

"图夫"所从事的工作便是将设计师的设计方案按照一定国家规范制作施工图，以及按照客户意愿和设计师的方案制作好看的效果图。他们从来不用参与方案设计，只遵循着规范而做"技术活"。这是中国普遍的一个现象，这些"图夫"可能从事十年，也不能参与方案之中，从而成为一个与设计无关但又有关联的"技术员"。中国室内设计行业体制很模糊，它对入行的人没有规范，也不用规定从业者必须有从业资格证。要是如果自己有钱，便可以注册一家设计公司，请一些技术员与顾问就可以满足自己当老板和设计师的欲望，但往往设计出来的质量是极差的。

中国的室内设计质量差，存在许多安全隐患，之所以导致这种局面，是因为行业没有规范，行业局面混乱、泛滥，把设计价值贬低到一个新层次。为什么做家装的设计师没有设计费？原因之一是行业泛滥，竞争以红海战术来赢得业绩。但这样也就失去了设计的质量、设计的理念，也造成了资源的极大浪费。原因之二是客户往往没有确定的需求，对自己的需求模糊导致设计再三修改，而改变了设计的理念，形成多不像的产物，导致更大的费用支出与资源浪费。

当今国内相关部门应该对室内设计行业提出相关的合理有序、有助于室内设计行业发展的规范。作为行业的从业公司也应该更好地打造自己的品牌，形成公司设计理念，去提升自己公司的设计价值，而不是靠多接单和获奖多来维持公司的生存。

第三节　室内设计的发展趋势

一、室内设计的发展历程

现代室内设计作为一门新兴的学科，尽管还只是近数十年的事，但是人们有意识地对自己生活、生产活动的室内进行安排布置，甚至美化装饰，赋予室内环境以所祈使的气氛，却早已从人类文明伊始的时期就已存在。自建筑的开始，室内的发展即同时产生，所以研究室内设计史就是研究建筑史。

室内设计是指为满足一定的建造目的（包括人们对它的使用功能的要求、对它的视觉感受的要求）而进行的准备工作，对现有的建筑物内部空间进行深加工的增值准备工作。室内设计的目的是为了让具体的物质材料在技术、经济等方面，在可行性的有限条件下形成能够成为合格产品的准备工作。室内设计需要工程技术上的知识，也需要艺术上的理论和技能。室内设计是从建筑设计中的装饰部分演变出来的，是对建筑物内部环境的再创造。室内设计可以分为公共建筑空间和居家两大类别。当提到室内设计时，我们会提到的还有动线、空间、色彩、照明、功能等相关的重要术语。室内设计泛指能够实际在室内建立的任何相关物件，包括：墙、窗户、窗帘、门、表面处理、材质、灯光、空调、水电、环境控制系统、视听设备、家具与装饰品的规划。

二、室内设计的未来发展趋势

随着生活水平的不断提高，人们越来越追求高品质的生活。室内设计逐步完善，室内空间的美感和功能性已经满足了人们的需求，现在追求的是健康环保的生活理念。为了符合人们的要求，各行各业开始往绿色设计的方向发展。社会生产技术的不断革新，经济水平持续发展，与之付出的代价是环境的日益恶化，严重影响着人们的生产生活。空气质量下降、资源能源急剧减少、水污染严重等一系列的环境问题，导致人与环境的关系越来越紧张，生活品质大不如从前。

随着社会的发展，室内设计专业会进一步完善，也就会出现以下几种趋势。

（一）自然化

随着环境保护意识的增长，人们向往自然，喝天然饮料，用自然材料，渴望住在天然绿色环境中。

（二）整体艺术化

随着社会物质财富的丰富，人们要求从"屋的堆积"中解放出来，要求各种物件之间存在统一整体之美。

（三）高技术、高情感化

国际上，工业先进国家的室内设计正在向高技术、高情感化方向发展。所以，室内设计师需既重视科技，又强调人情味，这样才能达到高技术与高情感化相结合。

（四）个性化

大工业化生产给社会留下了千篇一律的同一化问题。为了打破同一化，人们追求个性化。

（五）现代化

随着科学技术的发展，室内设计师要学会采用一切现代科技手段，使室内设计达到最佳声、光、色、形的匹配效果，实现高速度、高效率、高功能，创造出值得人们赞叹的空间环境来。

（六）高度民族化

室内设计只强调高度现代化，人们虽然提高了生活质量，却又感到失去了传统、失去了过去。因此，室内设计的发展趋势就是既讲现代，又讲传统。室内设计师应该致力于高度现代化与高度民族化结合的设计理念。

（七）服务方便化

城市人口集中，为了高效、方便，在国外十分重视发展现代服务设施。英国采用高科技成果发展城乡自动服务设施，自动售货设备越来越多，交通系统中电脑问询、解答、向导系统的使用，自动售票检票、自动开启关闭进出站口通道等设施，给人们带来高效率和方便。从而，室内设计更强调"人"这个为主体，以让消费者满意、方便为目的。

现在国际上工艺先进国家的室内设计正在向高技术、高情感方向发展，这两者相结合，既重视科技，又强调人情味。室内设计在艺术风格上追求频繁变化，新手法、新理论层出不穷，呈现五彩缤纷，已经形成了不断探索创新的局面。所以，笔者认为我国的室内设计文化要跟上国际化的步伐必须由设计师们来细致化、系统化地引导客户。

第二章　绿色建筑设计

建筑是人类基本的生活和生产的场所，也是构成现代城镇的基本细胞，它的规划、设计、建设及运行模式，直接影响资源与能源的消耗、城市的运行及对环境的影响。如何有效地降低建筑业的资源和能源消耗，减轻建筑业造成的生态环境污染，将建筑业这个传统的高消耗型发展模式转变为高效绿色型发展模式，对社会可持续发展起着至关重要的作用。绿色建筑正是在此背景下得到高度重视和广泛支持的。

第一节　绿色建筑理论知识

回顾人类的建筑史，从最初的用来遮风避雨、抵御恶劣自然环境的掩蔽所，发展到如今高耸林立的现代建筑，人类的居住条件和文明得到了很大提高。在人们享受现代建筑的同时，人类社会也面临着一系列重大环境与发展问题的严峻挑战。人口剧增、气候异变、资源枯竭、能源匮乏、环境污染和生态破坏等问题，已经严重威胁着人类的生存和发展。在现实面前，人们逐渐认识到建筑对社会进步、生态环境、人类发展的重大影响，各国开始重视对绿色建筑的研究和探讨。

一、绿色建筑的研究与发展

绿色建筑是一个全新的命题，也是一个古老的命题。绿色建筑之所以是古老的命题，是因为绿色建筑是缘于人类先祖依赖自然、敬畏自然而选择的一种生存方式和建造方式。我国的绿色建筑思想可追溯到《易传》，其中"人与天地合其德，与日月合其明，与四时合其序，与鬼神合其吉凶"的天人合一的思想，充分体现了原始、自发、朴素的绿色意识。绿色建筑是以尊重自然规律、顺应自然为前提，以实现和谐、共生为原则，以生存哲学、人类价值观为基础的命题。

绿色建筑之所以是全新的理念，是因为经历了工业化高速发展的洗礼，人类面临全球生态恶化、环境破坏、资源危机、人口膨胀、物种灭绝等外部环境灾难带来的严重挑战。绿色建筑正成为当代人类应对生态环境危机挑战，并反省自身行为结果的重要修正和选择。当代人类把对绿色建筑的探索和实践当作重要的课题。

在国际范围内，绿色建筑的概念至今尚无统一而明确的定义。各国政府、许多学者和建筑师对"绿色建筑"都有各自的理解。

早在20世纪30年代，美国建筑师兼发明家富勒就开始关注人类如何将发展、需求与全球资源结合起来，通过减少资源的使用来满足不断增长的人口的生存需要。他第一次提出"少费而多用"，也就是后来提出的充分利用有限的资源，进行最适宜的设计和利用，并符合循环利用的原则。这是人类对绿色建筑最初的基本认识。

克劳斯·丹尼尔斯教授在著作《生态建筑技术》中，对绿色建筑进行了如下定义："绿色建筑是通过有效地管理自然资源，创造对环境友善的、节约能源的建筑。它使得主动和被动地利用太阳能成为必需，并在生产、应用和处理材料等过程中尽可能减少对自然资源（如水、空气等）的危害。"此定义简洁概括，具有一定的代表性。

艾默里·罗文斯在《东西方观念的融合：可持续发展建筑的整体设计》一文中，做出了对绿色建筑的相关阐述："绿色建筑不仅关注物质上的创造，而且还包括经济、文化交流和精神上的创造。绿色设计远远超过了热能的损失、自然的采光通风等因素，它已延伸到寻求整个自然和人类社区的许多方面。"

詹姆斯·瓦恩斯在《绿色建筑学》一书中，回顾了20世纪初以来亲近自然环境的建筑发展，以及近年来走向绿色建筑概念的设计探索，总结了包括景观与生态建筑的绿色建筑设计在当代发展中的一般类型，以及更广泛的绿色建造业与生活环境创造应遵循的基本原则。

布兰达与R·瓦利在所著的《绿色建筑：为可持续发展的未来而设计》一书中，对绿色建筑的设计进行了概括和总结，提出6个原则：（1）节约能源，减少建筑耗能；（2）设计结合气候，通过建筑形式和构件来改变室内外环境；（3）能源材料的循环利用；（4）尊重用户，体现使用者的愿望；（5）尊重基地环境，体现地方文化；（6）运用整体的设计观念来进行绿色建筑的设计和研究。

马来西亚著名建筑师杨经文在他的专著《设计结合自然：建筑设计的生态基础》中指出：生态设计牵扯到对设计的整体考虑，牵扯到被设计系统中能量和物质的内外交换以及被设计系统中原料到废弃物的周期，因此我们必须考虑系统及其相互关系。同时，他还指出：大多数建筑师缺乏足够的生态学和环境生物学方面的知识，而且目前也没有一个完整统一的理论来指导，对于什么是生态（绿色）建筑也各执一词。这在一定程度上反映了当前绿色建筑学的研究现状。同时值得注意的是，绿色建筑技术已不再是单纯地为建筑单体提供技术保障的某一单项技术，而是一个技术群。

英国建筑设备研究与信息协会（BSR1A）指出：一个有利于人们健康的绿色建筑，其建造和管理应基于高效的资源利用和生态效益原则。美国加利福尼亚环境保护协会也指出：绿色建筑也叫可持续建筑，是一种在设计、修建、装修或在生态和资源方面有回收利用价值的建筑形式。

1987年，联合国世界环境与发展委员会（WCED）向联合国大会提交了研究报告——《我们共同的未来》，这是环境与发展思想的重要飞跃，该报告提出了"可持续发展"的概念，并深刻指出：在过去，我们关心的只是经济发展对生态环境带来的影响；而现在，我们迫切地感到生态的压力对经济发展带来的重大影响。因此，我们需要有一条新的发展道路，这条道路不是一条仅能在若干年内、在若干地方支持人类进步的道路，而是一直到遥远的未来都能支持人类进步的道路。

世贸组织的前身——世界经济合作与发展组织（OECD）给出了"可持续的建筑（绿色建筑）"的四个原则：资源的应用效率原则、能源的使用效率原则、污染的防止原则（室内空气质量、二氧化碳排放量）和环境的和谐原则。

美国实验与材料协会（ASTM）将绿色建筑定义为：在住宅、民用和工业建筑当中，以负责的态度，用保护环境的手法设计、施工、运行及修改废弃的构造物，这里的"环境"指一切建筑内外部环境，包括周边的自然环境。

1992年，联合国环境与发展大会（UNCM）在巴西的里约热内卢召开，提出了《里约环境与发展宣言》（简称《里约宣言》）和《21世纪议程》，这是环境与发展的里程碑，标志着人类对环境与发展的认识提高到了一个崭新的阶段，大会为人类高举可持续发展旗帜、走可持续发展之路发出了总动员，使人类迈出了跨向新的文明时代的关键性一步，为人类的环境与发展矗立了一座重要的里程碑。

《21世纪议程》涉及了绿色建筑的理念，将"促进人类住宅的可持续发展"单列，重点论述了改善住区规划和管理，提供综合环境基础设施，实现住区可持续发展的能源和运输系统等目标的行动依据和实施手段。可持续发展理论一经提出，即通过绿色建筑予以实现。建筑师们提出3R原则：减少不可再生能源和资源的使用（reduce），尽量重复使用建筑构件或建筑产品（recycle），加强对老旧建筑的修复和某些构成材料的重复使用（reuse）。

1993年，在可持续发展理论的推动下，"绿色建筑"发展史上带有里程碑意义的大会——国际建筑师协会第18次大会召开了，会议以"处于十字路口的建筑——建设可持续发展的未来"为主题发表了《芝加哥宣言》。《芝加哥宣言》中指出："我们今天的社会正在严重地破坏环境，这样是不能持久的。因此，需要改变思想，以探求自然生态作为设计的重要依据。"并提出了保持和恢复生物多样性；资源消耗最小化；降低大气、土壤和水的污染；使建筑物卫生、安全、舒适，提高环境意识五项原则。

1994年11月，第一届国际可持续建筑会议（ICSC）在美国举行，会议对可持续建筑做了全面探讨，指出可持续性建筑的主要问题是资源、环境、设计和环境影响及它们之间的相互协调关系。首次把"可持续的建筑"（sustainable construction）定义为：在有效利用资源和遵守生态原则的基础上，创造一个健康的建成环境并对其保持负责的维护。

1996年6月，第二届联合国人类住区会议在伊朗的坦布尔举行，通过《伊斯坦布尔宣言》和《人居议程》，"安全、富裕、健康、平等"已成为人类住区建设的共同目标。国际人居委员会机构认为：今后人类的居住地都要以不影响生态平衡的方式，逐步成为当代和子孙后代可持续发展的基地，就是要以人们可以承受，而又不影响生态平衡的方式来满足所有人类的居住要求。改善人类居住地的环境已经成为世界各国的普通认识，并成为共同的奋斗纲领。

1998年10月，在加拿大的温哥华召开了绿色建筑国际会议——"绿色建筑挑战1998"。加拿大、美国、英国等14个西方主要工业国共同参会，会上总结了各国的建筑学者在绿色建筑及住区研究方面的成果和实践。

2000年10月，在荷兰的马斯特里赫召开了"可持续建筑2000"（GBC）国际会议，此次会议对绿色建筑的推动已不再停留在理念层面，而是注重绿色建筑实施的具体方法。因此，会议进一步强调可持续发展动态与"绿色建筑"的关系的同时，要求明确建立建筑物环境评价的内容及方法，促进最新建筑物环境特性评价方法技术的不断发展。

2001年6月，在纽约召开的人居特别联大会议又通过了《新千年人居宣言》。2002年1月1日，联合国人居署正式宣告成立。2004年，中国等40多个国家园林城市的市长及其代表在深圳共同签署发表《生态园林城市与可持续发展深圳宣言》（以下简称《宣言》），《宣言》中提出了"生态城市"概念。2005年，来自全世界60多个城市的市长于世界环境日（6月5日）这天，在美国旧金山签署了《城市环境协定——绿色城市宣言》。

以上一系列绿色建筑理论研究和相关的国际会议，对于绿色建筑的催生、明确、完善起到非常重要的作用，这些也都充分表明了世界各国和国际社会对于全面改善全球人居状况的关注和决心。

二、绿色建筑的释义

党的十八届三中全会指出："紧紧围绕建设美丽中国深化生态文明体制改革，加快建立生态文明制度，健全国土空间开发、资源节约利用、生态环境保护的体制机制，推动形成人与自然和谐发展现代化建设新格局。""建设生态文明，必须建立系统完整的生态文明制度体系，用制度保护生态环境。要健全自然资源资产产权制度和用途管制制度，划定生态保护红线，实行资源有偿使用制度和生态补偿制度，改革生态环境保护管理体制。"

国内外经济发展的实践证明，绿色建筑是生态文明建设的重要组成部分，大力发展绿色建筑是有效促进资源节约与环境保护的重要途径，是保障和改善民生的有效手段，是促进实现城乡建设模式转型升级的必然要求。

（一）绿色建筑的内容

绿色建筑是在城市建设过程中实现可持续理念的基本方法，它需要具有明确的设计理念、具体的技术支撑和可操作的评估体系。不同的国家和地区、不同的经济状况和特点，在不同机构和不同角度上，绿色建筑的概念侧重也不同。

美国绿色建筑协会（USGBC）是世界上较早推动绿色建筑运动的组织之一，它也是随着国际环保浪潮而产生的。其宗旨是：整合建筑业各机构，推动绿色建筑和建筑的可持续发展，引导绿色建筑的市场机制，推广并教育建筑业主、建筑师、建造师的绿色实践。在制定的《绿色建筑评估体系》（LEED）中认为，绿色建筑追求的是如何实现从建筑材料的生产、运输、建筑、施工到运行和拆除的全生命周期，建筑对环境造成的危害总量最小，同时居住者和使用者有舒适的居住质量，最初的评估体系分为五个方面：合理的建筑选址、节水、能源和大气环境、材料和资源、室内环境质量，该标准成为绿色建筑实践与设计的有力推动者。

维基百科是一个基于维基技术的多语言百科全书协作计划，也是一部用不同语言写成的网络百科全书。维基百科将绿色建筑表达为：通过在设计、建造、使用、维护和拆除等全生命周期各阶段进行更仔细与全面的考虑，以提高建筑在土地、能源、水、材料等方面的利用效率，同时减小建筑对人们健康以及周边环境的负面影响为目标的实践活动。

除了"绿色建筑"和"可持续建筑"外，在建筑学领域也有的将绿色建筑称为"环境共生建筑""节能省地型建筑""绿建筑""生态建筑""生态化建筑"等。

日本在生态建筑方面，使用得较多的名称有环境共生建筑、环境共生住宅等。日本环境共生住宅推进协调会关于环境共生住宅的定义为："环境共生住宅，是从保护地球环境的观点出发，充分考虑能源、资源和废弃物等各方面的因素，实现与周边的自然环境亲密和谐，居民作为主体参与并享受健康、舒适生活的住宅及其地域环境。"从上述定义可以看出，环境共生建筑与生态建筑的基本内涵是相通和一致的。

"绿建筑"是我国台湾的称谓，指在建筑生命周期中，以最节约能源、最有效利用资源、最低环境负荷的方式与手段，建造最安全、健康、效率及舒适的居住空间，达到人及建筑与环境共生共荣、永续发展的目标。

"节能省地型建筑"是具有中国特色的可持续建筑理念，以节能、节地、节水、节材实现建筑的可持续发展。讨论与绿色建筑相关的名称有什么并不重要，重要的是确定归纳它们的内涵。

以上的各种称谓中，其内涵有宽有窄，但主要涉及以下 3 个方面：（1）最大限度地减少对地球资源与环境的负荷和影响，最大限度地利用已有资源；（2）创造健康、舒适的生活环境；（3）与周围自然环境相融合。通过前面的叙述可以梳理出绿色建筑产生与发展的脉络，由此解析绿色建筑的概念。

1. 环境与绿色建筑的关系

人类发展带来的环境生存压力，催生了可持续发展的理念，同时政府、社会、专家学者的一致行动使之得以全方位实施。纵观绿色建筑的发展过程，实际上可持续发展源于环境问题，绿色建筑概念是对环境问题的回应。

（1）绿色建筑应确实保护环境。保护环境是绿色建筑的目标与前提，其中还包括建筑物周边的小环境、城市及自然的大环境的保护。

（2）减小对环境的压力。绿色建筑追求降低环境负荷，如减少资源和能源的消耗，节约用水以及我国政府提出"节能、节地、节水、节材"的目标。绿色建筑的早期发展，就是从节能方面出发，被称为"节能建筑"。

（3）充分利用能源与资源（包括水资源、材料等）。如自然能源风能、水能、地热能、生物能等可再生能源及资源的回收及利用。绿色建筑的早期发展，也从自然能源的角度出发，被称为"太阳能建筑"。

（4）充分利用有限的环境因素。如充分利用地势、气候、阳光、空气、绿化、水流、景观等自然因素。

（5）解决环境问题。在建筑的设计、建造、使用、维护和拆除等全生命周期各阶段，应特别注意对环境污染的控制。

（6）强调人与环境和谐。20 世纪 80 年代初，联合国世界环境和发展委员会提出了可持续发展战略，该战略强调环境与经济的协调发展，追求人与自然环境的和谐，既要使当代人类的各种需求得到满足，又要保护自然环境，不对人类后代的生存和发展构成危害。

2. 实施绿色建筑的手段方法

绿色建筑的实现最为重要的是，实践中要以扎实的研究与实际数据分析为基础。尽管绿色建筑理论研究已经比较完善，目前各国真正意义上的绿色建筑的实践项目数量还不多，实施绿色建筑的有效手段方法并不太完备。另外，还有许多绿色建筑采取的技术措施在很大程度上值得商榷，它们在某些环节上的努力（比如垂直绿化、自然通风系统等）并不一定代表其整体可持续性水平的提高。有时因为使用大量高能耗的建筑材料或施工方法不当等，会引起更大的环境危害，反而削弱了其积极的一面。

3. 解读绿色建筑与人的关系

当代科学技术进步和社会生产力的高速发展，加速了人类文明的进程。与此同时，人类社会也面临着一系列重大环境与发展问题的严重挑战。人口剧增、资源过度消耗、气候变异、环境污染和生态破坏等问题威胁着人类的生存和发展。在严峻的现实面前，人们不得不重新审视和评判我们现时正奉为信条的城市发展观和价值系统。许多有识之士已经认识到，人类本身是自然系统的一部分，与其支撑的环境息息相关。在进行建筑的设计和施工过程中，人类必须认真考虑建筑与人的关系。

4. 注重建筑活动的全过程

随着人类可持续发展战略的不断实践与创新，人们对绿色建筑内涵的理解也不断深化，对绿色建筑的研究范围已经从能源方面，逐渐扩展到了全面审视建筑活动对全球生态环境、周边生态环境和居住者所生活的环境的影响，这是表现在"空间"上的全面性。同时，这种全面性审视还应包括"时间"上的全面性，即要审视建筑的"全寿命"影响，包括原材料开采、运输与加工、建造、使用、维修、改造和拆除等各个环节。

5. 绿色建筑的定义

绿色建筑虽然至今还没有一个统一的概念，但各国的认识正在逐渐趋于一致，比较普遍认可的绿色建筑的定义是：以符合自然生态系统客观规律并与之和谐共生为前提，充分利用客观生态系统环境条件、资源，尊重文化，集成适宜的建筑功能与技术系统，坚持本地化原则，具有资源消耗最小及使用效率最大化能力，具备安全、健康、宜居功能并对生态系统扰动最小的可持续、可再生及可循环的全生命周期建筑。

我国在《绿色建筑评价标准》（GB/T 50378—2014）中明确规定了绿色建筑的定义："在全寿命期内，最大限度地节约资源（节能、节地、节水、节材）、保护环境、减少污染，为人们提供健康、适用和高效的使用空间，与自然和谐共生的建筑。"

（二）绿色建筑的释义

绿色建筑是指在建筑物的全生命周期中，最小限度地占有和消耗地球资源，用量最小且效率最高地使用能源，最少产生废弃物并最少排放有害环境物质，成为与自然和谐共生，有利于生态系统与人居系统共同安全、健康且满足人类功能需求、心理需求、生理需求及舒适度需求的宜居的可持续建筑物。

（1）绿色建筑既是一个物质的构筑，又是一个具有生命意义的生命体。国内外实践证明，绿色建筑不但具有生命属性，也具有生命能量，更具有生命的文化特征。全生命周期的建筑所赋予的生命内涵，不但具有生命体征，也具有生命所必需的生命系统功能构成；不但具有生命运行规律，也具有生命的个性、共性；不但具有生命特征的传承，也具有生命存在与发展的独立特点；不但具有生命与环境及其他建筑的系统关系、逻辑关系，也具有相互依存、相互作用的共生价值。因此，探索绿色建筑不仅要从技术层面上进行，还要从社会层面上进行分析思考与科学研究。

（2）绿色建筑存在于生态系统中，是人类重要的社会行为活动和生存需求的依附载体，本身就具有明确的人类行为属性、意志属性和人文属性。其构建的方式方法也是人类智慧集成的技术和科学能力的表达与应用。

城市生态系统因高能耗的城市运行、环境的人为污染与无规律建设，使其自然生态系统与社会生态系统遭受到难以弥合的割裂、破碎与损害。绿色建筑在城市中不是孤立存在的，作为构成城市生态系统的重要分子，应当视为城市生态的核心组成部分。因此，绿色建筑不能孤立于城市生态系统而独立规划、设计与运行。

（3）绿色建筑是人类智慧、人类责任和人类理想的科学结晶，是人类对地球资源的保护与合理、高效利用的科学进步与技术能力的体现。绿色建筑是一种生活方式，也是一种进步的理念，它不是某一类型的建筑，而是涵盖了所有类型的建筑。

（4）绿色建筑体系的建立是落实中国政府关于建立可持续发展观的重要实践，是人类在时间与空间上对赢得生存与生活质量而不懈进行科学探索、艰苦实践努力的重要标志，也是保障人类社会能够可持续发展的重要依据。

（三）绿色建筑体系

绿色建筑体系是基于生态系统良性循环原则，以"绿色"经济为基础，以"绿色"社会为内涵，以"绿色"技术为支撑，以"绿色"环境为标志，建立起来的一种新型建筑体系。

（1）在研究上，绿色建筑体系将自然、人和人造物纳入统一研究视野，不仅研究人的生活、生产和人造物的形态，而且也研究人赖以生存的自然发展规律，研究人、自然与建筑的相互关系。

（2）在目标上，它追求人（生产和生活）、建筑和自然三者的协调和平衡发展。

（3）在方法上，绿色建筑体系主张"设计追随自然"。

（4）在技术上，绿色建筑体系提倡应用可促进生态系统良性循环、不污染环境、高效、节能和节水的建筑技术。

绿色建筑所代表的是高效率、环境好又可持续发展的建筑，自身适应地方生态而又不破坏地方生态的建筑。它所寻求的是一种可持续发展的建筑模式。绿色建筑要赋予建筑以生命，它是一个能积极地与环境相互作用的、智能型的、可调节的系统。

三、绿色建筑的基本内涵

根据国内外对绿色建筑的理解，绿色建筑的基本内涵可归纳为：减轻建筑对环境的负荷，节约能源及资源；提供安全、健康、舒适性良好的生活空间；与自然环境亲和，做到人及建筑与环境的和谐共处、永续发展。概括地说，绿色建筑应具备"节约环保、健康舒适、自然和谐"3个基本内涵。

（一）节约环保

绿色建筑的节约环保就是要求人们在建造和使用建筑物的全过程中，最大限度地节约资源、保护环境、维护生态和减少污染，将因人类对建筑物的构建和使用活动所造成的对自然资源与环境的负荷和影响降到最低限度，使之置于生态恢复和再造的能力范围之内。

随着人民生活水平的提高，建筑能耗将呈现持续迅速增长的趋势，加剧我国能源资源供应与经济社会发展的矛盾，最终导致全社会的能源短缺。降低建筑能耗，实施建筑节能，对于促进能源资源节约和合理利用，缓解我国的能源供应与经济社会发展的矛盾，有着举足轻重的作用，也是保障国家资源安全、保护环境、提高人民群众生活质量、贯彻落实科学发展观的一项重要举措。因此，如何降低建筑能源消耗，提高能源利用效率，实施建筑节能，是我国可持续发展亟待研究解决的重大课题。

我们通常把按照节能设计标准进行设计和建造，使其在使用过程中能够降低能耗的建筑称为节能建筑。节约能源及资源是绿色建筑的重要组成内容，这就是说，绿色建筑要求同时必须是节能建筑，但节能建筑并不能简单地等同于绿色建筑。

（二）健康舒适

住宅是人类生存、发展和进化的基地，人类一生约有2/3的时间在住宅内度过。住宅生活环境品质的高低对人的发展及对城市社会经济的发展会产生极大的影响。《雅典宪章》精辟地指出：居住是城市的四大基本功能之一，一个健康、文明、舒适的住宅环境是城市其他功能有效发挥的前提和基础。在满足住房面积要求的同时，人们对室内舒适度的要求也越来越高。冬季希望有温暖舒适的居所，而夏季则渴望凉爽宜人的空间。现代科技的发展满足了人们的需求，新型的采暖设备、空调设备充斥着市场，选用各种设备来改善居住环境已成为主流。

人们越来越重视住宅的健康要素，绿色建筑有 4 个基本要素，即适用性、安全性、舒适性和健康性。适用性和安全性属于第一层次。随着国民经济的发展和人民生活水平的提高，人们对住宅建设提出更高层次的要求，即舒适性和健康性。健康是发展生产力的第一要素，保障全体国民应有的健康水平是国家发展的基础。健康性和舒适性是关联的。健康性是以舒适性为基础，是舒适性的发展。提升健康要素，在于推动从健康的角度研究住宅，以适应住宅转向舒适、健康型的发展需要。提升健康要素，也必然会促进其他要素的进步。

（三）自然和谐

人类发展史实际上是人类与大自然的共同发展关系史。人与自然的关系强调"天人调谐"，人是大自然和谐整体的一部分，又是一个能动的主体，人必须改造自然又顺应自然，与自然圆融无间、共生共荣。山川秀美、四时润泽才能物产丰富、人杰地灵。人类与自然的关系越是相互协调，社会发展的速度也就越快。近年来，人类迫切地认识到环境问题的重要性，把环境问题作为可持续发展的关键。环境的恶化将导致人类生存环境的恶化，威胁人类社会的发展，不解决好环境问题，就不可能持续发展，更谈不上国富民强，社会进步。

绿色建筑的自然和谐就是要求人们在构建和使用建筑物的全过程中，亲近、关爱和呵护人与建筑物所处的自然生态环境，将认识世界、适应世界、关爱世界和改造世界，自然和谐与相安无事有机地统一起来，做到人、建筑与自然和谐共生。只有这样，才能兼顾与协调经济效益、社会效益和环境效益，才能实现国民经济、人类社会和生态环境可持续发展。

四、绿色建筑的基本要素

我国《绿色建筑技术导则》中指出：绿色建筑指标体系由节地与室外环境、节能与能源利用、节水与水资源利用、节材与材料资源、室内环境质量、运营管理六类指标组成。这六类指标涵盖了绿色建筑的基本要素，包含了建筑物全生命周期内的规划设计、施工、运营管理及回收各阶段的评定指标的子系统。

根据我国具体的情况和绿色建筑的本质内涵，绿色建筑的基本要素包括耐久适用、节约环保、健康舒适、安全可靠、自然和谐、低耗高效、绿色文明、科技先导等方面。

（一）耐久适用

任何绿色建筑都是消耗较大的资源修建而成的，必须具有一定的使用年限和使用功能，因此耐久适用性是对绿色建筑最基本的要求之一。耐久性是指在正常运行维护和不需要进行大修的条件下，绿色建筑物的使用寿命满足一定的设计使用年限要求，在使用过程中不发生严重的风化、老化、衰减、失真、腐蚀和锈蚀等。

适用性是指在正常使用的条件下，绿色建筑物的使用功能和工作性能满足于建造时的设计年限的使用要求，在使用过程中不发生影响正常使用的过大变形、过大振幅、过大裂缝、过大衰变、过大失真、过大腐蚀和过大锈蚀等；同时也适合于在一定条件下的改造使用要求。

（二）节约环保

在数千年发展文明史中，人类最大化地利用地球资源，却常常忽略科学、合理地利用资源。特别是近百年来，工业化快速发展，人类涉足的疆域迅速扩张，"上天""入地""下海"的梦想实现同时，资源过度消耗和环境遭受破坏。油荒、电荒、气荒、粮荒，世界经济发展陷入资源匮乏的窘境；海洋污染、大气污染、土壤污染、水污染、环境污染，破坏了人类引以为荣的发展成果；极端气候事件不断发生，地质灾害高发频发，威胁着人类的生命财产安全。珍惜地球资源，转变发展方式，已经成为地球人共同面对的命题。

我国现行标准《绿色建筑评价标准》中，把"四节一环保"作为绿色建筑评价的标准，即把节能、节地、节水、节材和保护环境作为绿色建筑的基本特征之一，这是一个全方位、全过程的节约环保概念，也是人、建筑与环境生态共存的基本要求。

除了物质资源方面有形的节约外，还有时空资源等方面所体现的无形节约。如绿色建筑要求建筑物的场地交通要做到组织合理，选址和建筑物出入口的设置方便人们充分利用公共交通网络，到达公共交通站点的步行距离较短等。这不单是一种人性化的设计问题，也是一个时空资源节约的设计问题。这就要求绿色建筑物的设计者，在设计中要全方位、全过程地进行通盘的综合整体考虑。如良好的室内空气环境条件，可以减少10%～15%的得病率，并使人的精神状况和工作心情得到改善，工作效率大幅度提高。这也是另一种节约的意义。

（三）健康舒适

健康舒适建筑的核心是人、环境和建筑物。健康舒适建筑的目标是全面提高人居环境品质，满足居住环境的健康性、自然性、环保性、亲和性和舒适性，保障人民健康，实现人文、社会和环境效益的统一。健康舒适建筑的目的是一切从居住者出发，满足居住者生理、心理和社会等多层次的需求，使居住者生活在舒适、卫生、安全和文明的居住环境中。

健康舒适是随着人类社会的进步和人们对生活品质的不断追求而逐渐为人们所重视的，这也是绿色建筑的另一基本特征，其核心主要是体现"以人为本"。目的是在有限的空间里为居住者提供健康舒适的活动环境，全面提高人居生活和工作环境品质，满足人们生理、心理、健康和卫生等方面的多种需求，这是一个综合的、整体的系统概念。健康舒适住宅是一个系统工程，涉及人们生活中的方方面面。它既不是简单的高投入，更不是表面上的美观、漂亮，而是要处处从使用者的需要出发，从生活出发，真正做到"以人为本"。

（四）安全可靠

安全可靠是绿色建筑的另一基本特征，也是人们对作为生活、工作、活动场所的建筑物最基本的要求之一。因此，对于建筑物有人也认为：人类建造建筑物的目的就在于寻求生存与发展的"庇护"，这也充分反映了人们对建筑物建造者的人性与爱心和责任感与使命感的内心诉求。这不仅是经历过 2008 年"5·12"四川汶川大地震劫难的人们对此发自内心的呐喊，还是所有建筑物设计、施工和使用者的愿望。

安全可靠的实质是崇尚生命与健康。所谓安全可靠是指绿色建筑在正常设计、正常施工、正常使用和正常维护的条件下，能够经受各种可能出现的作用和环境条件，并对有可能发生的偶然作用和环境异变，仍能保持必需的整体稳定性和规定的工作性能，不至于发生连续性的倒塌和整体失效。对绿色建筑安全可靠的要求，必须贯穿于建筑生命的全过程中，不仅在设计中要全面考虑建筑物的安全可靠，而且还要将其有关注意事项向相关人员予以事先说明和告知，使建筑在其生命周期内具有良好的安全可靠性及保障措施。

绿色建筑的安全可靠性不仅是对建筑结构本体的要求，而且也是对绿色建筑作为一个多元绿色化物性载体的综合、整体和系统性的要求，同时还包括对建筑设施设备及其环境等安全可靠性要求，如消防、安防、人防、管道、水电和卫生等方面的安全可靠。2008 年北京奥委会的所有场馆建设，都融有世界上最先进的绿色建筑安全可靠的设计理念和元素。

（五）自然和谐

人类为了更好地生存和发展，总是要不断地否定自然界的自然状态，并改变它；而自然界又竭力地否定人，力求恢复到自然状态。人与自然之间这种否定与反否定、改变与反改变的关系，实际上就是作用与反作用的关系。特别是自然对人的反作用在很大程度上存在自发性，这种自发性极易造成人与自然之间失衡。

人类改造自然的社会实践活动的作用具有双重性，既有积极的一面，又有消极的一面。如果人类能够正确地认识到自然规律，恰当地把握住人类与自然的关系，就能不断地取得改造自然的成果，增强人类对自然的适应能力，提高人类认识自然和改造自然的能力；如果人类对自然界更深层次的本质尚未认识到，人类与自然一定层次上的某种联系尚未把握住的情况下，改造自然，其结果要么自然内部的平衡被破坏，要么人类社会的平衡被破坏，要么人与自然的关系被破坏，因而人类受到自然的报复也就在所难免。

自然和谐是绿色建筑的又一本质特征。这一本质特征实际上就是我国传统的"天人合一"的唯物辩证法思想，是美学特征在建筑领域里的反映。"天人合一"是中国古代的一种政治哲学思想。最早起源于春秋战国时期，经过董仲舒等学者的阐述，由宋明理学总结并明确提出。其基本思想是人类的政治、伦理等社会现象是自然的直接反映。《中华思想大辞典》中指出："主张天人合一，强调天与人的和谐一致是中国古代哲学的主要基调。"

"天人合一"构成了世界万物和人类社会中最根本、最核心、最本质的矛盾对立统一体。季羡林先生对其解释为：天，就是大自然；人，就是人类；合，就是互相理解，结成友谊。实质上，天代表着自然物质环境；人代表着认识与改造自然物质环境的思想和行为主体；合是矛盾的联系、运动变化和发展，是矛盾相互依存的根本属性。人与自然的关系是一种辩证和谐的对立统一关系，以天与人作为宇宙万物矛盾运动的代表，最透彻地表现了宇宙的原貌和历史的变迁。

自然和谐，天人一致，宇宙自然是大天地，人则是一个小天地。天人相应、天人相通，人和自然在本质上是相通和对应的。如果没有人，一切矛盾运动均无从觉察，根本谈不到矛盾；如果没有天，一切矛盾运动均失去产生、存在和发展的载体。唯有人可以认识和运用万物的矛盾，唯有天可以成为人们认识和运用矛盾的物质资源。人类为了永续自身的可持续发展，就必须使人类的各种活动，包括建筑活动的结果和产物，必须与自然和谐共生。绿色建筑就是要求人类的建筑活动要顺应自然规律，做到人及建筑与自然和谐共生。

自然和谐同时也是美学的基本特性。只有自然和谐，才有真正的美可言；真正的美就是自然，就是和谐。共同的理想信念是维系和谐社会的精神纽带，共同的文化精神是促进社会和谐发展的内在动力，而共同的审美理想是营造艺术生态和谐环境的思想灵魂。2010年上海世博会中国馆的设计，既体现出"城市发展中的中华智慧"这一主题，又反映了我国自然和谐与天人合一的和谐世界观，同时也表现出中国传统的文化内涵，并且蕴含了独特的中国元素，系统地展示了以"和谐"为核心的中华智慧。上海世博会中国馆成为上海目前独一无二标志性建筑群体，是绿色建筑自然和谐的设计理念和元素完美应用的范例。

（六）低耗高效

低耗高效是绿色建筑最基本的特征之一，是体现绿色建筑全方位、全过程的低耗高效概念，是从两个不同的方面来满足两型社会（资源节约型和环境友好型）建设的基本要求。

资源节约型社会是指全社会都采取有利于资源节约的生产、生活、消费方式，强调节能、节水、节地、节材等，在生产、流通、消费领域采取综合性措施提高资源利用效率，以最小的资源消耗获得最大的经济效益和社会效益，以实现社会的可持续发展，最终实现科学发展。

环境友好型社会是指全社会都采取有利于环境保护的生产方式、生活方式和消费方式，侧重强调防治环境污染和生态破坏，以环境承载力为基础、以遵循自然规律为准则、以绿色科技为动力，倡导环境文化和生态文明，构建经济、社会、环境协调发展的社会体系，实现经济社会可持续发展。建设生态文明，实质上就是要建设以资源环境承载力为基础、以自然规律为准则、以可持续发展为目标的资源节约型、环境友好型社会。

绿色建筑要求建筑物在设计理念、技术应用和运行管理等环节上，对于低耗高效予以充分体现和反映。因地制宜和实事求是地使建筑物在采暖、空调、通风、采光、照明、太阳能、用水、用电、用气等方面，在降低需求的同时，高效地利用所需的资源。2008年北京奥运会的许多场馆，如柔道跆拳道馆（即北京科技大学体育馆）等，就充分融合了绿色建筑低耗高效的设计理念和技术元素。

（七）绿色文明

绿色文明就是能够持续满足人们幸福感的文明。绿色文明是一种新型的社会文明，是人类可持续发展必然选择的文明形态；也是一种人文精神，体现着时代精神与文化。它既反对人类中心主义，又反对自然中心主义，而是以人类社会与自然界相互作用、以保持动态平衡为中心，强调人与自然的整体、和谐地双赢式发展。

绿色文明主要包括绿色经济、绿色文化、绿色政治三个方面的内容。绿色经济是绿色文明的基础，绿色文化是绿色文明的制高点，绿色政治是绿色文明的保障。绿色经济核心是发展绿色生产力，创造绿色GDP，重点是节能减排、环境保护、资源的可持续利用。绿色文化核心是让全民养成绿色的生活方式与工作方式，绿色文明需要绿色公民来创造，只有绝大部分地球人都成为绿色公民，绿色文明才可能成为不朽的文明。绿色政治就是能够为人民谋幸福和社会持续稳定的政治，可以避免暴力冲突的政治。

如果我们把农业文明称为"黄色文明"，把工业文明称为"黑色文明"，那么生态文明就是"绿色文明"。生态是指生物之间及生物学环境之间的相互关系与存在状态，亦即自然生态。自然生态有着自在自为、新陈代谢、发展消亡和恢复再造的发展规律。人类社会认识和掌握了这些规律，把自然生态纳入人类可以适应和改造的范围之内，这就形成了人类文明。生态文明就是人类遵循人、社会与自然和谐这一客观规律而取得的物质与精神成果的总和，是指以人与自然、人与人、人与社会和谐共生、良性循环、全面发展、持续繁荣为基本宗旨的文化伦理形态。

绿色文明的发展目标是自然生态环境平衡、人类生态环境平衡、人类与自然生态环境综合平衡、可持续的财富积累和可持续的幸福生活，而不是以破坏自然生态环境和人类生态环境为代价的物欲横流。由此可见，绿色文明必然是绿色建筑的基本特征之一。绿色文明是2008年北京奥运会"绿色奥运、科技奥运和人文奥运"的三大主题之一。2008年北京奥运会的所有场馆，都充分融合了绿色建筑和绿色文明的设计理念和技术元素。

（八）科技先导

国内外城市发展的实践充分证明，现代化的绿色建筑是新技术、新工艺和新材料的综合体，是高新建筑科学技术的结晶。因此，科技先导是绿色建筑的又一基本特征，也是一个体现绿色建筑全面、全方位和全过程的概念。

绿色建筑是建筑节能、建筑环保、建筑智能化和绿色建材等一系列高新技术因地制宜、实事求是和经济合理的综合整体化集成，绝不是所谓的高新科技的简单堆砌和概念炒作。科技先导强调的是要将人类成功的科技成果恰到好处地应用于绿色建筑，也就是追求各种科学技术成果在最大限度地发挥自身优势的同时，使绿色建筑系统作为一个综合有机整体的运行效率和效果最优化。

我们对绿色建筑进行设计和评价时，不仅要看它运用了多少先进的科技成果，而且还要看它对科技成果的综合应用程度和整体效果。2008年北京奥运会的许多场馆，如国家体育场"鸟巢"和国家游泳中心"水立方"的内部结构等，就充分融合了绿色建筑科技先导的设计理念和技术元素。

五、绿色建筑的价值标准与遵循原则

绿色建筑作为现代社会的一个重要社会标志，具有明确的目标、价值标准和遵循原则。

（一）绿色建筑的目标

绿色建筑的目标是通过人类的建设行为，达到人与自然安全、健康、和谐共生，满足人类追求适宜生存居所的需求和愿望。

（二）绿色建筑的价值标准

在明晰了绿色建筑具有目标的前提下，价值标准便成为固化和保证实现可持续发展的基础条件。自然创造了人，人依赖自然并向自然索取生存所必要的资源供给与环境条件，同时用自己的行为结果不断地扰动、破坏，甚至毁灭自然的规律结构与系统。

自然的法则是不以人的意志为转移的客观存在，自然是可以从一种创造转化为另一种创造，继而毁灭现有的创造结果。因此，绿色建筑的价值标准的形式始终不是来自人对人的强制和胁迫，而是来自人类对生存要求与自然规律之间的科学认知、认同和认真的思考。共同意志、社会意志是构建社会行政意志与法律意志的前提和基础，绿色建筑应当遵循以上的价值标准。

（三）绿色建筑的遵循原则

绿色建筑是一种象征着节能、环保、健康、高效的人居环境，以生态学的科学原理指导建筑实践，创造出人工与自然相互协调、良性循环、有机统一的建筑空间环境，它是满足人类生存和发展要求的现代化理想建筑。绿色建筑应坚持"可持续发展"的建筑理念。理性的设计思维方式和科学程序的把握，是提高绿色建筑环境效益、社会效益和经济效益的基本保证。绿色建筑除满足传统建筑的一般要求外，还应遵循以下基本原则。

（1）和谐原则。飞速发展的社会，出现了越来越多威胁着人类生存和发展的因素，如人口剧增、资源过度消耗、气候变异、环境污染和生态破坏等。面对严峻的现实，作为建筑的设计者，我们不得不考虑如何让建筑与生态和谐共存，让建筑与生命一同绚丽。

建筑作为人类行为的一种影响存在结果，由于其空间选择、建造过程和使用拆除的全生命过程存在着消耗、扰动以及其他影响的实际作用，其体系和谐、系统和谐、关系和谐便成为绿色建筑特别强调的重要和谐原则。

（2）适地原则。以人居系统符合生态系统安全、健康而客观存在为依据，建设适宜空间、高效利用土地、符合人文特性、经济属性，以及建设选址的科学规划和设计行为，是绿色建筑建造、使用所必须遵守的条件和根本性原则。

（3）节约原则。资源占有与能源消耗在符合建筑全生命周期使用总量与服务功能均衡的前提下，尽量减少资源和能源的消耗量，这是绿色建筑应遵循的最重要原则之一，也是建筑工程设计、施工和管理的最基本的要求。

（4）高效原则。建筑作为人类最基本的居住场所，其建造、使用、维护与拆除，应本着符合人与自然生态安全与和谐共生的前提，满足宜居、舒适、健康的要求，应系统地采用集成技术提高建筑功能的效能，优化管理调控体系，形成绿色建筑的高效原则。

（5）舒适原则。建筑舒适要求与资源占有及能源消耗，在建筑建造、使用与维修管理中一直是一个矛盾体。绿色建筑强调舒适原则，并不是以牺牲建筑的舒适度为前提，而是以满足人类居所舒适要求为设定条件。通过人类长期依托建筑而生存的经验和科学技术的不断探索发展，总结形成绿色建筑绿色化、生态化及符合可持续发展要求的建筑综合系统集成技术，以满足绿色建筑的舒适原则。

（6）经济原则。绿色建筑的规划、设计、建造、使用、维护是一个复杂的技术系统问题，更是一个社会组织体系问题。高投入、高技术的极致绿色建筑，虽然可以反映出人类科学技术发展的高端水平，但是并非只有高投入和高技术才能实现绿色建筑的功能、效率和品质，适宜技术与地方化材料及地域特点的建造经验，同样是绿色建筑的重要发展途径。唯高投入和唯技术论都不是绿色建筑的追求方向，科学设计、正确选择、适宜投资、适宜成本和适宜消费才是绿色建筑的经济原则。

（7）人文原则。建筑是人类不可缺少的生活和生产的场所，是抵御大自然对人类伤害与威胁的庇护所，是保障人们安全、健康、舒适的环境。从远古人类栖息的"巢穴"，到现代高科技的建筑，人类始终把人类智慧、文明的建筑与文化、美学、哲学紧密相连。凝固的文明结晶、社会人文雕塑都是对建筑的人文价值的高度概括。

历史告诉我们，建筑既有历史性，也有传承性，更有人文特性。无论在任何国家和地区，没有文化内涵的建筑都会使人居系统缺少特点、特色与特质，不但会丧失地域内存在的优势，更失去了国际化能力，这也是失去了人居生态系统中除自然生态、经济生态以外的另一个重要生态要素——社会生态、人文原则就是一项不可缺少的生态原则。

六、为什么要建造绿色建筑

为什么要建造绿色建筑？原因是多方面的。尽管绿色建筑的建造成本与传统建筑差不多，但在美观、舒适度和性能上比传统建筑更胜一筹。虽然起始的售价和租金会比较高，但接下来的运行成本会显著降低。绿色建筑在供暖、制冷和照明方面的花销也要低得多，这种较低的能耗相应地减少了建筑所产生的污染。由于设备运转的费用减少了，绿色建筑在价格上也就能让更多人接受。此外，它还为人们的工作和生活创造了更健康的空间。由于大部分人 80% 的时间都是在室内度过，因此这一点尤为重要。

（一）市场竞争和经济因素

可持续建筑是否更加昂贵，这个问题一直备受争议。在建筑形式雷同的住宅市场，消费者对别具一格的绿色建筑情有独钟。例如，在加利福尼亚州戴维斯地区，有一片美国最古老的绿色街区——田园之家，目前每平方英尺的房价比邻近的房屋高出 11 美元。在萨克拉门托市，一个绿色开发计划中的住宅售价比附近开发商和建筑商开发的类似住宅高出 15 000 美元。这个现象并非加利福尼亚所独有。在奥斯汀一个绿色建筑项目中，得克萨斯州的购房者表示愿意为绿色建筑多支付额外的费用。建造绿色建筑不仅能使房屋开发商和购买者从中获益，许多企业老板也发现，消费者也更乐意光顾具有绿色建筑特点的商店。一个很好的例子是，在堪萨斯州的劳伦斯市，沃尔玛尝试了生态商场的模式。在刚开张的前几个月里，这家商店每天的营业额一直保持着比传统商店更快的增长率。绿色建筑甚至能增加公司的市场份额，以荷兰 NMB 银行为例，其新建的总部大楼室内设计的一座瀑布广受好评，这完全改变了以前在人们心中办公建筑的呆板形象。这座总面积为 50 万平方英尺（1 平方英尺 =0.092903 平方米）的建筑每平方英尺消耗的能量只相当于该银行以前的办公楼的十分之一。自从搬进新楼后，NMB 成了国内第二大银行，这很大程度上归功于新建的绿色大楼给公众带来的印象上的转变。

绿色建筑同时也给土地所有者提供了好处。水和能源成本的节约为他们带来更大的边际效益，使其在租约的安排上更有竞争力。为了吸引和留住租户，他们可以利用年均经营成本中每平方英尺上节约的 1 美元来减少租金，或者进行环境改善。由于租赁商通常会在每平方英尺上为了 5 美分或 10 美分的租金讨价还价，边际效益就成了一种相当不错的调节工具。

正因为有了这些好处，绿色建筑的优点已经为越来越多的开发商所知，包括 TBS 健康美容连锁店、康柏电脑公司、国际奥杜邦协会、自然资源保护委员会、索尼公司、西本德互助保险公司和惠尔丰电子支付设备公司等。

（二）资源消耗减少

在资源使用效率上，一栋绿色建筑的建造或开发将大大超过同等规模的传统建筑。节约 50% 的能源相对比较容易，而好设计就有可能达到减少 80% ~ 90%。

建造高效的建筑既省钱又能保护环境。例如，建筑使用过程中节省 1 单位用电量相当于发电站减少燃烧 3 ~ 4 单位煤或其他燃料。建筑室内能源平均使用量如果能够减少 80%，那么在 30 年使用期内 CO_2 排放量将减少接近 90 000 磅（1 磅 =0.4535924

千克）。在相同的使用期内，减少30%的用水量将少产生400万加仑（1万加仑=37854.11784升）的废水。

绿色开发也能更有效利用其他自然资源。那些设计或选址不当的建筑不仅破坏景观，占用良田，而且不断蚕食野生动物栖息地。与此相反，绿色设计在增加销售卖点和舒适性的同时，可以起到保全和改善自然环境、保护珍贵景观的作用。对新建筑的精心设计和对老建筑的更新利用，能极大地减少建筑材料的消耗，保护森林和濒临灭绝的生物种群。

（三）可承受的价格

如果一座建筑运行费用比较低廉，那么将更容易让人接受。成本的降低可能使一些本来不具有住房抵押资格的人也能够成为购房者。现在在住房抵押资格审查中，许多贷款者不得不考虑的一个因素就是基础设施使用费。例如，美国能源额定机构为包括联邦住房管理局和退伍军人管理局在内的银行和抵押保险公司提供等级额定，以便其核定"高效率的抵押贷款"。从购房者的角度看，将辛辛苦苦赚来的钱花在免税而公正的住房抵押上，无疑比花在永久性的基础设施使用上更有意义。

这些问题对于商业建筑同样适用。花费在抵押和设施使用上的钱越少，公司就有更多的偿还商业贷款的能力，改善资本投资，增加存货和雇佣新员工。

（四）生产效率的提高

从雇主的角度说，建造绿色建筑最重要的原因在于它与工人的生产效率有关。绿色建筑在这方面所体现出的优越性使得其具有足够的吸引力而促使人们对其进行建造了。

令人愉悦的环境将获得更高的生产率，这种直觉上的判断现在已经被科学证明。最近一些研究表明，创造一种互动的建筑环境能使工人的生产率提高6%～15%，甚至更多。一种典型的情况是，商业雇主花在能源上的费用大概是工资的70倍，生产率的些许提高就能极大地缩短一座绿色建筑的回收期，使企业能够有更多盈利。每平方英尺的能源成本节约1美元，这对建筑的财务运营固然可以产生显著的影响，但是与使雇佣的工人保持愉快心情并高效工作所带来的收益相比，就显得无足轻重了。一般而言，雇佣工人的成本折合起来，至少是平均每年每平方英尺130美元。

（五）人类健康的改善

如果说在沉闷的建筑环境中人们无法出色工作的话，那么不舒适的建筑环境将影响到人们的身体健康。尽管没人真正了解，究竟健康问题在多大程度上跟建筑环境有关，但毫无疑问，许多工作引发的疾病，如头疼、眼睛疲劳等，都是与光线不足、缺乏新鲜空气、刺耳的噪声和办公空间普遍阴暗的环境直接相关的。在几项研究中显示，一个公司搬进绿色建筑后，缺勤的人数减少了 15% ~ 25%，而且请病假的次数也大幅度减少。这表明在这样的环境中，人们不仅感觉愉快，而且更加健康。

绿色建筑中能同时使用日光和节能照明，这是工人们所喜爱的。他们喜欢宜人的风景、新鲜的空气，他们喜欢安静的环境——而设计不当的建筑在供暖或制冷时，机械常常发出刺耳的噪声。总之，他们喜欢这些具有人性化设计的空间。荷兰 NMB 银行的员工十分喜欢他们的新办公室，很多人愿意在这座建筑里待上更多的时间。所有这些原因使得职工们精神抖擞，提高了工作质量，减少错误的发生，于是提高了生产率。

以上所提到的绿色建筑带来的优势虽然只涉及雇主，但对于个人业主和住宅房屋建造商同等重要。家庭同样可以得益于可持续住宅所带来的自然采光、良好通风、新鲜空气以及舒适的感觉。这些更易于调节冷暖的建筑让人们觉得安适，更低的设备使用成本使人们将钱节省下来以备他用。

第二节　绿色建筑设计概论

一、绿色建筑设计的原则

设计绿色建筑的总体目标相当简单：我们想设计一座精彩的建筑——光线充足、冬暖夏凉、健康舒适、节省能源、经久耐用，并且促进人与自然的健康发展。

在开始设计之前，要考虑以下五个原则。

第一，要领会设计尽可能充分细致的重要性。可持续的设计工作是负重起跑的——工作在前，酬劳在后。最初的决策是非常重要的，因此要给概念思考留足时间，不可以"仓促设计，闲来后悔"。

第二，可持续设计与其说是一种建筑风格，不如说是一种建筑哲学。大多高效节能的手段和其他绿色技术本质上是"不可见"的，也就是说，它们可以融入任何一种建筑风格。绿色特征可以突出地表现建筑与环境的联系，虽然它们没有必要支配设计。

第三，绿色建筑并非极其昂贵和复杂。尽管可持续建筑的环境效应或经营费用的减少带来的更快回报使得我们有能力花更多的钱，但通常不必要这么做。事实上，一套 4 万美元的住宅与一座 80 万美元的大厦可以具有同样的绿色设计。

第四，一套整体设计方法极其重要。如果仅仅随意地将一系列的技术应用到传统建筑的设计上来，最终我们的设计容易变得支离破碎，成为"愚蠢的事情"——花费了更多的钱，效果却只能比传统建筑稍微好一点。而运用本书中建议的生态建筑措施，设计出来的建筑将更舒适而经济。采用整体设计方法可能会在某些方面价格高一些，但可能使建筑整体节约更多的费用。例如，花更多的钱买一个好点儿的窗户，我们就能买个小点儿的炉子从而得到了节省。这通常使得运行成本降低，在许多情况下也会降低投资成本。

最后一点，尽管绿色建筑的作用不仅仅是节约能源，但能源消耗最小化却是核心目标，这应该成为一条原则明确下来。因此，绿色建筑的不同设计元素可以归纳为三大类：节能建筑的系统属性，保存能源的建筑外壳，节能高效的炉子、空调、热水器、照明和其他设备。

二、绿色建筑设计的初步方法

（一）古老的艺术

讨论绿色设计的时候，了解一些历史背景是极为有用的。非常重要的是，要理解绿色设计的思想并不是崭新的。上千年来，大多数建筑必须遵循可持续原则。只是大约在过去的一个世纪以来，随着低价能源、玻璃幕墙和空调技术的出现，那种与环境相适宜的乡土建筑失去了它的地位，并且一个古老的真理被遗忘了——环境决定建筑。设计过程关注其周边环境的建筑必将更有效利用能源和本地材料。

美国人平均有 80% 的时间花在室内，如果希望与环境和谐相处，那么必须依照祖先的做法——设计结合气候并且对场所要有所感悟。

（二）费用和感受

建造绿色建筑的成本是多少？尽管时多时少，但总体而言，其成本与相同规模的传统建筑差不多。但是，对最低成本的研究并不总能显示出两者的差异和绿色建筑预算内的成本转移。接下来以窗户为例进行说明。

高效的节能窗比标准窗更贵一些。然而，安装节能窗能减少炎热天气的热量渗入，增加寒冷天气的热量吸收，从而减少最终的能源消耗。减少不必要的热量流通可以减少（甚至免除）采暖、通风或制冷系统的使用。小型的暖气、通风和空调系统将降低花费，而这些节约下来的成本通常就能弥补节能窗的额外支出。建筑管理的费用自然也就降低。此外，节能窗降低噪声，改善光照的舒适性，甚至可使商业建筑内沿窗的周边区域不需取暖，并节约了建筑面积。总之，节能窗显示出许多重要的优点，而节省能源只是其中之一。

类似地，使用节水型的厕所、淋浴喷头和水龙头也可以间接有效地节约费用。这些有效的节能构件几乎不需要花费额外的费用，但我们却能因此节约更换和维修的费用，并降低每月的水费。

但需要注意的是，只有我们采用整体设计方法时，整体的经济效益才会增加。如果安装了节能窗而没有降低采暖、通风和制冷系统的规模，使用高性能的厕所但没有减小废物过滤设备的大小，尽管运行成本降低了，但投资成本仍然会居高不下。因此，必须同时考虑到短期和长期的效应。

至于底线呢？设计绿色建筑的时候，在避免浪费和过量使用的问题上我们要保持警觉。要常常自问："这么做可以节省什么？"绿色建筑的艺术不仅仅是将什么安置到建筑里，还要将什么节省出去。最好的系统是我们不再需要添加和删减的系统。

每个地区都有一种传统的建筑形式或"乡土建筑"。这些建筑风格体现了丰富的经验、大量的智慧和高度的灵敏性，因此这些老建筑的布局选址、基本设计和方位选择值得我们仔细研究，进而从中获取一些有价值的线索和思想。特别值得一提的是，"乡土建筑"几乎都是适应当地气候的。

（三）场所感

举个例子，南方带檐廊的多格特罗式建筑很好地适应了当地炎热潮湿的气候。而在那些天气炎热而干燥的地区，例如新墨西哥州，庭院式的住宅形式更合适些。紧凑的盒式建筑则适合多云而寒冷的新英格兰地区。

将本土设计元素恰到好处地融入一个建筑中去，将提高其能源使用效率和舒适度。例如，对于西南沙漠地区的住宅，如果增加土砖或其他聚热设备，将使其更容易保持凉爽。

依据气候特点，选择其他一些具有地域特征的建筑元素，如宽挑檐、挡风门道、拱廊或走道、前庭，引导自然通风，都可以大大增加建筑的能效。

研究"乡土建筑"时，建筑色彩是经常被忽略的一个方面。屋顶颜色尤其能在很大程度上影响建筑的能源使用状况。在炎热的天气下，白色或浅色调的屋顶配以位置适当的遮阴树能使建筑的空调负荷降低30%；建筑色彩的另一个重要方面是可以吸收太阳光照中一半的红外线：一些彩色油漆能有效地反射红外线，而看起来"白色"的沥青瓦则能够吸收一些红外线。

（四）模式化解决问题

"乡土建筑"的优秀之处很大程度上是因为它能够"模式化解决问题"——在可持续设计中这是一个最重要的概念。但"模式化解决问题"不论是作为概念还是术语，对于我们来说都是陌生的。它源于温德尔·贝里——肯塔基州的一位农场主、诗人兼作家。在他的散文中，温德尔·贝里审视了解决问题的本质及其利弊。尽管温德尔·贝里关注的是农业，但其中的许多观点都与建筑学相关。用他的话讲，"这些解决的办法可以像应用在农场那样，适用于家庭排水系统的建造。"温德尔·贝里认为一个好的解决方案应该满足以下条件：

（1）在不产生出新问题的情况下解决多个问题；

（2）满足所有的标准，在各方面表现良好；

（3）在给定的限制下，尽可能使用手边的材料；

（4）在一种模式中改善平衡性、对称性和协调性。

以上温德尔·贝里列出来的条件看起来有点雄心勃勃，但它们确实有效。他寻找的解决方案不是"通过忽略问题来解决，作为交易来处理问题，或者将问题留给后代"。但需要注意的是，尽管已有标准不像温德尔·贝里所说的那么广泛，许多建筑师或建造商在每一个项目上已经做到或正在尝试模式化的解决方案。在建筑材料、建造技术和设计策略等方面模式化解决问题的例子，现在已有很多。使用低能耗窗户和不借助外部机械能的太阳能设计能够降低基础设施费用，在夜晚使得室内更舒适，并降低家具折旧速度。

还可举出别的例子。许多房屋开发过程中处理雨水时，一般是将其引入混凝土雨水沟，然后再进入市政排污系统。当暴雨来临时，水流量将超出污水处理厂的负荷，污水便混合在雨水中溢出而流入江河。一个更好的选择是采用自然排水系统，这包含地表洼地、小型堤坝以及可作为临时蓄水池和过滤层的低地。这种系统通过模拟大自然创造出优美的景观，降低水流溢出的可能，免除下水道管理的需要，并且比一般的排水装置节省了建造和维护的费用。这也是一种模式化的解决方案。

一个繁忙的承包商如果只是致力于按时完工和控制预算，那么他将自认为无暇顾及尝试模式化解决问题。一项建造或开发活动要实现模式化解决问题，那么在做出有关建筑形状、规模、朝向和布局等的基本决定时，必须事先扫除工作中可能遇到的障碍。尽管有时一个聪明的建造商能在最后关头想出一个机灵的应急方案，但我们不能指望总能依靠这种方式来解决问题。如果第一次都没解决好，那第二次怎么办呢？

既然绿色建筑和绿色开发有如此多的优点，为什么不多多益善呢？尽管已经在稳步增长，但目前绿色建筑在建筑市场上所占的份额仍然很少。原因不是它们太昂贵，通常它们并不比一般的建筑开销更大。也不是因为建造商不关心环境，许多人确实关心。最重要的原因在于：这个领域还是很新的，研究还不广泛。几年前，当许多大有前途的开发项目正在计划时，提及"绿色"建筑只不过是在讨论油漆的颜色。

（五）行动开始

建筑师和建造商面临的一个障碍来自时间的限制。所有的建筑项目因许可期限、时间安排、气候原因、利率浮动和建材成本等而显得复杂。因为要考虑这么多变量，提防这么多的陷阱，建造商喜欢将事情处理得越简单越好。在建造业，几乎不存在任何"实验性"的尝试。

另外，还要考虑的是市场接受能力。在竞争激烈的住宅市场上，最保险的方法是沿用可靠经验。借用时尚说法《第二十二条军规》的逻辑推理，一些人借口说市场对绿色建筑不感兴趣，但我们知道那是因为没人曾经建造过。既然没人提供这样的建筑，哪来的市场反馈呢？那些勇于冒险的建造商固然可能回报丰厚，然而在一个既定的领域里如果没人尝试过，很少人会有动力和胆识做第一个吃螃蟹的人。激励机制也是一个问题：绿色建筑所显现出来的大部分经济利益和其他方面的利益往往为最终的所有者获得，而非建造商或承包商。起码，对于一个实际上经常受到挑战的行业来说，绿色设计是一个新的挑战。

我们意识到：绿色议程是雄心勃勃的计划，因此规定它的责任和义务就有更为特殊的要求。至少在现在，可持续建筑比一般的建筑需要更多的考虑和筹划。我们需要更多的时间去掌握新的信息、设计工具，理解生态的内涵以及了解近期可被利用的建筑产品。

应用这些新信息时，你将如何有效地控制成本？或许最好的方法是循序渐进地进行处理。开始一个项目前，问问自己能解决多少问题。你能处理有效使用能源的问题吗？保护生活环境的问题呢？如何选择健康的建筑材料？尽可能多地考虑各种问题。从每个项目开始，然后解决一点，逐步做得更好些，稳步扩大综合设计的范围和深度。

绿色建筑不是非黑即白，不是全部也不是空白。这之间存在差别：一些建筑情况好些，一些较糟糕。今天大批量生产的住宅如果能够有更好的隔热、窗户和设备性能，在某些方面就会比20年前建造的建筑更环保。这个产业正在朝正确的方向前进。

绿色设计各个方面的重要性依据工作和客户的性质而定。第一步只是保证工程对环境影响最小。能源使用效率是最重要也是实现起来最简单的方面。节省能源有很强的倍数效应。目前，绿色设计最难的方面大概是对绿色建筑材料的选择。它们通常不太容易获得，也比一般材料贵。然而，正在迅速变化着的市场会使得获得材料越来越容易。

再强调一下，一个部分实现环保的建筑远比根本没有环保的建筑好。因此，如果时间、技术、客户和计划允许，请尽可能地采用绿色技术。这样做无疑是正确的，因为这样的决定将节省一些木材、能源和水。下一次，再尝试节省更多。

第三节 国内外绿色建筑概况

随着人类的文明、社会的进步、科技的发展以及对住房的需求，房屋建设正在如火如荼的建设当中，而以牺牲环境、生态和可持续发展为代价的传统建筑和房地产业已经走到了尽头。发展绿色建筑的过程本质上是一个生态文明建设和学习实践科学发展观的过程。其目的和作用在于实现与促进人、建筑和自然三者之间高度的和谐统一；经济效益、社会效益和环境效益三者之间充分协调一致；国民经济、人类社会和生态环境又好又快地可持续发展。

国内外经济发展的历程告诉人们：21世纪是人类由"黑色文明"过渡到"绿色文明"的新时期，在尊重传统建筑的基础上，提倡与自然共生的绿色建筑将成为21世纪建筑的主题。

一、我国绿色建筑基本情况

在改革开放之前，我国长期实行计划经济。建筑领域在许多方面都处于"吃大锅饭"的状态，建筑生产中只强调速度、不重视质量，只注意继承传统、不注意厉行节约，使我国建筑能耗较高、浪费很大。特别是我国原来家庭住房自有率高、技术含量较低、生产方式粗放、生产效率较低、施工污染严重，这些都影响我国绿色建筑的发展乃至可持续发展。

根据以上所述，大力发展绿色建筑意义重大，推进绿色建筑的发展是建设事业走科技含量高、经济效益好、资源消耗低、环境污染少、人力资源优势得到充分发挥的新型工业化道路的重要举措；是贯彻坚持以人为本，树立全面、协调、可持续的发展观，促进经济社会和全面发展的科学发展观的具体体现；是按照减量化、再利用、资源化的原则，搞好资源综合利用，建设节约型社会的必然要求；是实现建设事业健康、协调、可持续发展的重大战略性工作。

《中共中央关于制定国民经济和社会发展第十一个五年规划的建议》中指出："坚持开发节约并重、节约优先，按照减量化、再利用、资源化的原则，大力推进节能节水节地节材，加强资源综合利用，完善再生资源回收利用体系，全面推行清洁生产，形成低收入、低消耗、低排放和高效率的节约型增长方式。推进绿色建筑是发展节能省地型住宅和公共建筑的具体实践。"

《中共中央关于制定国民经济和社会发展第十二个五年规划的建议》中又指出：

"坚持把建设资源节约型、环境友好型社会作为加快转变经济发展方式的重要着力点。深入贯彻节约资源和保护环境基本国策，节约能源，降低温室气体排放强度，发展循环经济，推广低碳技术，积极应对气候变化，促进经济社会发展与人口资源环境相协调，走可持续发展之路。"

现代意义上的绿色建筑在我国起步较晚，但发展速度还是比较快的。和世界其他国家绿色建筑的发展情况基本相同，我国现代意义上的绿色建筑发展大致可分为3个阶段：1986—1995年为探索起步阶段；1996—2005年为研究发展阶段；2006年至今为全面推广阶段。

（一）探索起步阶段

我国发展现代意义上的绿色建筑是从建筑节能开始的，这是根据我国的基本国情决定的。以我国1986年颁布实行的《民用建筑节能设计标准（采暖居住建筑部分）》为标志，我国正式启动建筑节能工作。节能是绿色建筑的重要组成内容和基本要素，《民用建筑节能设计标准（采暖居住建筑部分）》的贯彻实施，标志着我国开始了绿色建筑的探索起步阶段。我国建筑节能作为绿色建筑的核心内容和突破口，通过科技项目和示范工程来带动绿色建筑的起步和推进，对促进我国绿色建筑的发展起到良好的作用。

从1986—1995年的10年间，我国根据实际情况，学习国外先进经验，先后颁布实行了许多与绿色建筑要求有关的法律、法规、标准、规范和政策，如《民用建筑设计通则》《中华人民共和国城市规划法》《城市居住区规划设计规范》《民用建筑节能设计标准（采暖居住建筑部分）》等。同时，我国实施和实践了许多举世瞩目的绿色建筑项目和工程，其中长江三峡水利枢纽工程是最典型的绿色建筑之一。

长江三峡水利枢纽工程是世界上最大的水利枢纽工程，是治理和开发长江的关键性骨干工程。它具有防洪、发电、航运等综合效益。防洪兴建三峡工程的首要目标是防洪，可有效地控制长江上游洪水。经三峡水库调蓄，可使荆江河段防洪标准由现在的约10年一遇提高到百年一遇。发电三峡水电站总装机容量1 820万千瓦，年平均发电量846.8亿千瓦时。它将对华东、华中和华南地区的经济发展和减少环境污染起到重大的作用。

（二）研究发展阶段

随着20世纪90年代国际社会对可持续发展思想的广泛认同和世界绿色建筑的发展，以及我国绿色建筑实践的不断深入，绿色建筑的理念在我国开始变得逐渐清晰，受到各级政府和民众的极大关注，也成为科技工作者的重点研究内容。1996年，国家自然科学基金会正式将"绿色建筑体系研究"列为我国"九五"计划重点资助研究课题。这标志着我国的绿色建筑事业由探索起步阶段正式进入研究发展阶段。

从 1996 —2005 年的 10 年间，我国绿色建筑在研究中发展，以研究促发展，以发展带动研究。在绿色建筑的研究中，我国进一步完善和颁布实行了许多与绿色建筑要求有关的法律、法规、标准、规范和政策，如《中华人民共和国建筑法》《中华人民共和国节约能源法》《住宅建筑规范》和《住宅性能评定技术标准》等。国家各有关政府部门、科研单位、高等院校等加大了研究投入，进行了更为广泛的绿色建筑、生态建筑和健康住宅方面的理论和技术研究。

通过不懈的努力和奋斗，我国在绿色建筑研究方面取得了可喜的成果和进步。如建设部和科技部组织实施了国家"十五"科技攻关计划项目——"绿色建筑关键技术研究"，重点研究了我国的绿色建筑评价标准和技术导则，开发了符合绿色建筑标准的具有自主知识产权的关键技术和成套设备，并通过系统的技术集成和工程示范，形成了我国绿色建筑核心技术的研究开发基地和自主创新体系，在更大的范围内进行了许多宝贵的工程实践，取得了举世公认的伟大成就。特别值得引人注目的是以"绿色奥运、科技奥运、人文奥运"为主题的 31 个奥运场馆和中国国家大剧院等一大批国家重点工程项目的建设，极大地推动和促进了我国绿色建筑事业的发展，为我国全面推广绿色建筑奠定了坚实基础。同时，我国设立了"全国绿色建筑创新奖"，拉开了我国全面推广绿色建筑的序幕。

（三）全面推广阶段

2006 年，我国在《国家中长期科学和技术发展规划纲要》中提出："重点研究开发绿色建筑设计技术、建筑节能技术与设备、可再生能源装置与建筑一体化应用技术、精致建造和绿色建筑施工技术与装备、节能建材与绿色建材、建筑节能技术标准，把绿色建筑及其相关的技术列为重点领域及其优先主题，作为国家发展目标纳入国家中长期科学和技术发展的总体部署。"随后，我国颁布实行了第一部《绿色建筑评价标准》，这标志着我国的绿色建筑事业已经由研究发展阶段步入全面推广阶段。

2007 年，国家启动了"绿色建筑示范工程""低能耗建筑示范工程"和"可再生能源与建筑集成技术应用示范工程"，发布了《中国应对气候变化的政策与行动白皮书》，强调要积极推广节能省地环保型建筑和绿色建筑，新建的建筑严格执行强制性节能标准，加快既有建筑节能改造。

2008 年 3 月，中国城市科学研究会绿色建筑与建筑节能专业委员会成立，这是研究适合我国国情的绿色建筑与建筑节能的理论与技术集成系统、协助政府推动我国绿色建筑发展的学术团体。2008 年 4 月，中国绿色建筑评价标识管理办公室成立，主要负责绿色建筑评价标识的管理工作，受理三星级绿色建筑的评价标识，指导一星级、二星级绿色建筑评价标识活动。

2009年，我国再次成功地举办了"第五届国际智能、绿色建筑与建筑节能大会暨新技术与产品博览会"，大会的主题是"贯彻落实科学发展观，加快推进建筑节能"。前四届大会的主题分别是：第一届为"智能建筑、绿色住宅、领先技术、持续发展"，第二届为"绿色、智能——通向节能省地型建筑的捷径"，第三届为"推广绿色建筑——从建材、结构到评价标准的整体创新"，第四届为"推广绿色建筑，促进节能减排"。

2011年12月1日，中华人民共和国住房和城乡建设部发出通知："全面推进绿色建筑发展。一是明确'十二五'期间绿色建筑发展目标、重点工作和保障措施等。二是研究出台促进绿色建筑发展的政策。三是继续完善绿色建筑标准体系，制（修）订绿色建筑相关工程建设和产品标准，研究制定绿色建筑工程定额，编制绿色建筑区域规划建设指标体系、技术导则和标准体系，鼓励地方制定更加严格的绿色建筑标准。四是开展绿色建筑相关示范。"

在党的十八大报告中明确了建设生态文明的指导思想：以节约资源、保护环境为基本国策；以资源节约型、环境友好型国家为建设目标；以节约优先、保护优先、自然恢复为主为基本方针；以绿色发展、循环发展、低碳发展为目标模式；以生态文明制度建设为根本保障；以形成节约资源和保护环境的空间格局、产业结构、生产方式、生活方式为实现途径；以树立尊重自然、顺应自然、保护自然的生态文明理念为社会基础；以把生态文明建设放在突出地位，融入经济建设、政治建设、文化建设和社会建设各方面和全过程为政治保证。

二、绿色建筑与科学发展观

科学发展观已成为全人类的共识，是人类社会发展的必然选择，是我国经济发展的基本国策，是我国经济社会发展的根本指导思想，标志着中国共产党对社会主义建设规律、社会发展规律、共产党执政规律的认识达到了新的高度，标志着马克思主义的中国化达到了新的高度和阶段，指明了进一步推动我国经济改革与发展的思路和战略，对建筑和房地产业的可持续发展具有根本的指导意义。

（一）科学发展观的基本内涵

胡锦涛同志提出"坚持以人为本，树立全面、协调、可持续的发展观，促进经济社会和人的全面发展"。按照"统筹城乡发展、统筹区域发展、统筹经济社会发展、统筹人与自然和谐发展、统筹国内发展和对外开放"的要求，树立新型的科学发展观。科学发展观，第一要义是发展，核心是以人为本，基本要求是全面协调可持续，根本方法是统筹兼顾。

以科学发展观统领我国绿色建筑的发展，就是将可持续发展理念引入建筑领域，在建筑运行过程中，节约资源、保护环境、提高效率，为人们提供健康、高效、清洁、舒适的室内环境，达到居住环境和自然环境的协调统一，最大限度地满足可持续发展的要求。

（二）科学发展观的必然要求

科学发展观绝不只是单纯发展模式的转变。科学发展观追求的是包括思想与制度在内的政治、经济、社会、文化各个领域可持续发展的整体变革和发展。根据我国的基本国情，学习实践科学发展观的要务之一是推进生态文明建设。推进生态文明建设就必须大力发展绿色建筑，这是科学发展观对建筑和房地产业的必然要求。

生态文明是科学发展观的重要文化内涵。生态文明是人类文明发展继农业文明、工业文明之后又一崭新的文明形态，是对前两种文明优秀成果的继承和其缺陷的深刻反思。生态文明建设是人们在改造客观物质世界的同时，不断克服改造过程中的负面效应，积极改善和优化人与自然、人与人的关系，建设有序的生态运行机制和良好的生态环境。生态文明是人类在发展物质文明过程中保护和改善生态环境的成果，它表现为人与自然和谐程度的进步和人们生态文明观念的增强。

绿色建筑是生态文明建设的重要内容，生态文明建设是学习实践科学发展观的重要组成部分，因此，发展绿色建筑的过程本质上是一个生态文明建设和学习实践科学发展观的过程。生态文明与科学发展观之间的关系，一般应从两个方面理解：第一，科学发展的第一要义是发展，核心是以人为本。生态文明的提出，正是体现了以人为本。第二，我们的发展必须走文明发展的道路，无论是从人与自然的和谐、环境的保护，还是从资源的节约利用上；无论是从发展的质量，还是从发展的可持续性来讲，都必须走生态文明这条路。提高到文明的高度，是科学发展观在这方面的升华。

（三）科学发展观是绿色建筑发展的指导思想

根据我国现代化建设的实践证明，坚持科学发展观，是绿色建筑发展的必然要求。绿色建筑应当在有效使用资源和能源的条件下，充分利用现有的市政基础设施和自然环境条件，多采用有益于环境的材料，提供舒适的室内环境，最大限度地减少建筑废料和家庭废料，形成人与自然环境的和谐统一。根据调整经济结构和转变经济增长方式的要求，结合城市发展质量和效率，大力发展节能省地型住宅与公共建筑。同时，注重生态环保，促进循环利用，优化和提高生活环境质量。

努力发展智能建筑、节能建筑、生态环境、新型建材等技术,不仅对中国的智能与绿色建筑发展有着积极的促进作用,而且对全球的可持续发展也将产生深远的影响。我国建筑节能分为两个阶段的目标:第一阶段目标是到 2010 年,全面启动建筑节能和推广绿色建筑,平均节能率达 50%,目前已经基本实现;第二阶段目标是到 2020 年,进一步提高建筑节能,平均节能率达 65%,东部地区甚至可以达到更高的标准。大力促进建筑节能,切实降低单位能耗成本,不仅是我国经济自身发展的要求,更是全世界共同发展的迫切需要。

展望未来,我国城市化进程将迎来快速发展,绿色建筑将会迎来大发展时代。随着绿色建筑理念的不断深入和《绿色建筑设计规范》的实施,绿色建筑正在为越来越多的人接受。未来,仍然需要以科学发展观统领我国绿色建筑的发展。只有坚持和运用科学发展观,才能把握绿色建筑的发展方向,更好地指导绿色建筑的实践,加快绿色建筑的发展。大力宣传绿色建筑理念,全力推进绿色建筑实践,不断加大资金投入,逐步建立长效机制,努力走出一条以科学发展观为指导的具有中国特色的绿色建筑发展之路。

第四节　绿色建筑的发展趋势

绿色建筑已经是未来世界建筑的发展趋势,建筑节能减排也是各个国家当前可持续发展的重要环节。21 世纪人类共同的主题是可持续发展,对于城市建筑来说亦必须由传统高消耗型发展模式转向高效绿色型发展模式。绿色建筑正是实施这一转变的必由之路,是当今世界建筑发展的必然趋势。

一、发展绿色建筑是必然趋势

我国有关专家指出:中国的能耗结构中,建筑的建造和使用占据了大约 30%,与建筑相关的工业和交通占据了 16.7%,两者相加达到了 46.7%。中国目前总数达 430 亿平方米的既有建筑中,95% 以上为高能耗建筑。每年新建的房屋面积占到世界总量的 50%,每年新增的 20 多亿平方米建筑中,按照标准,仍有 80% 以上的建筑是非节能建筑。因此,在目前我国城镇化加快、建筑能耗大、土地资源和水资源缺乏、城市污染严重、碳排放量大的背景下,绿色建筑应该且必将成为未来的趋势。

目前,欧洲的绿色建筑市场处于全球的最高水平,绿色建筑增长最快的区域将在亚洲,有关调查资料显示:未来五年间,亚洲区域从事绿色建筑的企业将从目前的

26%增至73%。56%的建筑企业预期为了五年绿色建筑将带来良好的销售和利润增长。未来五年内，以太阳能、风能、地能为主的可再生能源的使用比例将大幅度提升。全球建筑市场正在经历向绿色建筑的广泛转变，绿色建筑在未来五年内将逐步成为全球市场的主流。

2007年11月，原建设部颁发的《绿色建筑评价标准》就对绿色建筑做出定义：在建筑的全生命周期内，最大限度地节约资源（节能、节地、节水、节材，即"四节"）、保护环境和减少污染，为人们提供健康、适用和高效的使用空间，与自然和谐共生的建筑。可见绿色建筑取决于三个要素：一是节能，强调减少各种资源的浪费，广义上的节能包含了上述"四节"；二是保护环境；三是满足人们的使用需求，为人们提供健康、适用、高效的使用空间。

2012年4月27日，财政部、住房和城乡建设部联合发布了《关于加快推动我国绿色建筑发展的实施意见》（以下简称《实施意见》），这一实施意见可以被认为是今后一段时期我国发展绿色建筑的指导性文件。

《实施意见》确定的主要目标是：到2020年，绿色建筑占新建建筑的比重超过30%，建筑建造和使用过程的能源资源消耗水平接近或达到现阶段发达国家水平。要通过进一步推广绿色建筑和节能建筑，使全社会建筑的总能耗能够达到节能65%的总目标。推进节能与绿色建筑的发展是建设事业走科技含量高、经济效益好、资源消耗低、环境污染少、人力资源优势得到充分发挥的新型工业化道路的重要举措，对全面建设小康社会进而实现现代化的宏伟目标，具有重大而深远的意义。

二、《绿色建筑行动方案》主要内容

2013年1月1日，国务院办公厅转发了国家发展和改革委员会、住房城乡建设部的《绿色建筑行动方案》（以下简称《方案》），《方案》提出了开展绿色建筑行动的指导思想、主要目标、基本原则、重点任务和保障措施等，这也代表着我国今后一定时期内在绿色建筑方面的发展趋势。

《方案》指出：开展绿色建筑行动，以绿色、循环、低碳理念指导城乡建设，严格执行建筑节能强制性标准，扎实推进既有建筑节能改造，集约节约利用资源，提高建筑的安全性、舒适性和健康性，对转变城乡建设模式，破解能源资源瓶颈约束，改善群众生产生活条件，培育节能环保、新能源等战略性新兴产业，具有十分重要的意义和作用。要把开展绿色建筑行动作为贯彻落实科学发展观、大力推进生态文明建设的重要内容，把握我国城镇化和新农村建设加快发展的历史机遇，切实推动城乡建设走上绿色、循环、低碳的科学发展轨道，促进经济社会全面、协调、可持续发展。

（一）绿色建筑行动方案的主要目标

（1）新建建筑严格落实强制性节能标准。"十二五"期间，完成新建绿色建筑10亿平方米；到2015年年末，20%的城镇新建建筑达到绿色建筑标准要求。

（2）既有建筑节能改造。"十二五"期间，完成北方采暖地区既有居住建筑供热计量和节能改造4亿平方米以上，夏热冬冷地区既有居住建筑节能改造5000万平方米，公共建筑和公共机构办公建筑节能改造1.2亿平方米，实施农村危房改造节能示范40万套。到2020年年末，基本完成北方采暖地区有改造价值的城镇居住建筑节能改造。

（二）绿色建筑行动方案的基本原则

（1）全面推进，突出重点。全面推进城乡建筑绿色发展，重点推动政府投资建筑、保障性住房以及大型公共建筑率先执行绿色建筑标准，推进北方采暖地区既有居住建筑节能改造。

（2）因地制宜，分类指导。结合各地区经济社会发展水平、资源禀赋、气候条件和建筑特点，建立健全绿色建筑标准体系、发展规划和技术路线，有针对性地制定有关政策措施。

（3）政府引导，市场推动。以政策、规划、标准等手段规范市场主体行为，综合运用价格、财税、金融等经济手段，发挥市场配置资源的基础性作用，营造有利于绿色建筑发展的市场环境，激发市场主体设计、建造、使用绿色建筑的内生动力。

（4）立足当前，着眼长远。树立建筑全生命期理念，综合考虑投入产出效益，选择合理的规划、建设方案和技术措施，切实避免盲目地高投入和资源消耗。

（三）绿色建筑行动方案的重点任务

1. 切实抓好新建建筑节能工作

（1）科学做好城乡建设规划。在城镇新区建设、旧城更新和棚户区改造中，以绿色、节能、环保为指导思想，建立包括绿色建筑比例、生态环保、公共交通、可再生能源利用、土地集约利用、再生水利用、废弃物回收利用等内容的指标体系，将其纳入总体规划、控制性详细规划、修建性详细规划和专项规划，并落实到具体项目。做好城乡建设规划与区域能源规划的衔接，优化能源的系统集成利用。建设用地要优先利用城乡废弃地，积极开发利用地下空间。积极引导建设绿色生态城区，推进绿色建筑规模化发展。

（2）大力促进城镇绿色建筑发展。政府投资的国家机关、学校、医院、博物馆、科技馆、体育馆等建筑，直辖市、计划单列市及省会城市的保障性住房，以及单体建筑面积超过2万平方米的机场、车站、宾馆、饭店、商场、写字楼等大型公共建筑，自 2014 年起全面执行绿色建筑标准。积极引导商业房地产开发项目执行绿色建筑标准，鼓励房地产开发企业建设绿色住宅小区。切实推进绿色工业建筑建设。发展改革、财政、住房城乡建设等部门要修订工程预算和建设标准，各省级人民政府要制定绿色建筑工程定额和造价标准。严格落实固定资产投资项目节能评估审查制度，强化对大型公共建筑项目执行绿色建筑标准情况的审查。强化绿色建筑评价标识管理，加强对规划、设计、施工和运行的监管。

（3）积极推进绿色农房建设。各级住房城乡建设、农业等部门要加强农村村庄建设整体规划管理，制定村镇绿色生态发展指导意见，编制农村住宅绿色建设和改造推广图集、村镇绿色建筑技术指南，免费提供技术服务。大力推广太阳能热利用、围护结构保温隔热、省柴节煤灶、节能炕等农房节能技术；切实推进生物质能利用，发展大中型沼气，加强运行管理和维护服务；科学引导农房执行建筑节能标准。

（4）严格落实建筑节能强制性标准住房。城乡建设部门要严把规划设计关口，加强建筑设计方案规划审查和施工图审查，城镇建筑设计阶段要 100% 达到节能标准要求。加强施工阶段的监管和稽查，确保工程质量和安全，切实提高节能标准执行率。严格建筑节能专项验收，对达不到强制性标准要求的建筑，不得出具竣工验收合格报告，不允许投入使用并强制进行整改。鼓励有条件的地区执行更高能效水平的建筑节能标准。

2. 大力推进既有建筑节能改造

（1）加快实施"节能暖房"工程。以围护结构、供热计量、管网热平衡改造为重点，大力推进北方采暖地区既有居住建筑供热计量及节能改造，"十二五"期间完成改造 4 亿平方米以上，鼓励有条件的地区超额完成任务。

（2）积极推动公共建筑节能改造。开展大型公共建筑和公共机构办公建筑空调、采暖、通风、照明、热水等用能系统的节能改造，提高用能效率和管理水平。鼓励采取合同能源管理模式进行改造，对项目按节能量予以奖励。推进公共建筑节能改造重点城市示范，继续推行"节约型高等学校"建设。"十二五"期间，完成公共建筑改造 6 000 万平方米，公共机构办公建筑改造 6 000 万平方米。

（3）开展夏热冬冷和夏热冬暖地区居住建筑节能改造试点。以建筑门窗、外遮阳、自然通风等为重点，在夏热冬冷和夏热冬暖地区进行居住建筑节能改造试点，探索适宜的改造模式和技术路线。"十二五"期间完成改造 5 000 万平方米以上。

（4）创新既有建筑节能改造工作机制。做好既有建筑节能改造的调查和统计工作，制定具体改造规划。在旧城区综合改造、城市市容整治、既有建筑抗震加固中，有条件的地区要同步开展节能改造。制定改造方案要充分听取有关各方面的意见，保障社会公众的知情权、参与权和监督权。在条件许可并征得业主同意的前提下，研究采用加层改造、扩容改造等方式进行节能改造。坚持以人为本，切实减少扰民，积极推行工业化和标准化施工。住房城乡建设部门要严格落实工程建设责任制，严把规划、设计、施工、材料等关口，确保工程安全、质量和效益。节能改造工程完工后应进行建筑能效测评，对达不到要求的不得通过竣工验收。加强宣传，充分调动居民对节能改造的积极性。

3. 开展城镇供热系统改造

实施北方采暖地区城镇供热系统节能改造，提高热源效率和管网保温性能，优化系统调节能力，改善管网热平衡。撤并低能效、高污染的供热燃煤小锅炉，因地制宜地推广热电联产、高效锅炉、工业废热利用等供热技术。推广"吸收式热泵"和"吸收式换热"技术，提高集中供热管网的输送能力。开展城市老旧供热管网系统改造，减少管网热损失，降低循环水泵电耗。

4. 推进可再生能源建筑规模化应用

积极推动太阳能、浅层地能、生物质能等可再生能源在建筑中的应用。太阳能资源适宜地区在 2015 年前出台太阳能光热建筑一体化的强制性推广政策及技术标准，普及太阳能热水利用，积极推进被动式太阳能采暖。研究完善建筑光伏发电上网政策，加快微电网技术研发和工程示范，稳步推进太阳能光伏在建筑上的应用。合理开发浅层地热能。财政部、住房城乡建设部研究确定可再生能源建筑规模化应用适宜推广地区名单。开展可再生能源建筑应用地区示范，推动可再生能源建筑应用集中连片推广，到 2015 年年末，新增可再生能源建筑应用面积 25 亿平方米，示范地区建筑可再生能源消费量占建筑能耗总量的比例达到 10% 以上。

5. 加强公共建筑节能管理

加强公共建筑能耗统计、能源审计和能耗公示工作，推行能耗分项计量和实时监控，推进公共建筑节能、节水监管平台建设。建立完善的公共机构能源审计、能效公示和能耗定额管理制度，加强能耗监测和节能监管体系建设。加强监管平台建设统筹协调，实现监测数据共享，避免重复建设。对新建、改扩建的国家机关办公建筑和大型公共建筑，要进行能源利用效率测评和标识。研究建立公共建筑能源利用状况报告制度，组织开展商场、宾馆、学校、医院等行业的能效水平对标活动。实施大型公共建筑能耗（电耗）限额管理，对超限额用能（用电）的，实行惩罚性价格。公共建筑业主和所有权人要切实加强用能管理，严格执行公共建筑空调温度控制标准。研究开展公共建筑节能量交易试点。

6. 加快绿色建筑相关技术研发推广

科技部门要研究设立绿色建筑科技发展专项，加快绿色建筑共性和关键技术研发，重点攻克既有建筑节能改造、可再生能源建筑应用、节水与水资源综合利用、绿色建材、废弃物资源化、环境质量控制、提高建筑物耐久性等方面的技术，加强绿色建筑技术标准规范研究，开展绿色建筑技术的集成示范。依托高等院校、科研机构等，加快绿色建筑工程技术中心建设。发展改革、住房城乡建设部门要编制绿色建筑重点技术推广目录，因地制宜地推广自然采光、自然通风、遮阳、高效空调、热泵、雨水收集、规模化中水利用、隔声等成熟技术，加快普及高效节能照明产品、风机、水泵、热水器、办公设备、家用电器及节水器具等。

7. 大力发展绿色建材

因地制宜、就地取材，结合当地气候特点和资源禀赋，大力发展安全耐久、节能环保、施工便利的绿色建材。加快发展防火隔热性能好的建筑保温体系和材料，积极发展烧结空心制品、加气混凝土制品、多功能复合一体化墙体材料、一体化屋面、低辐射镀膜玻璃、断桥隔热门窗、遮阳系统等建材。引导高性能混凝土、高强钢的发展利用，到 2015 年年末，标准抗压强度 60MPa 以上的混凝土用量达到总用量的 10%，屈服强度 400MPa 以上热轧带肋钢筋用量达到总用量的 45%。大力发展预拌混凝土、预拌砂浆。深入推进墙体材料革新，城市城区限制使用黏土制品，县城禁止使用实心黏土砖。发展改革、住房城乡建设、工业和信息化、质检部门要研究建立绿色建材认证制度，编制绿色建材产品目录，引导规范市场消费。质检、住房城乡建设、工业和信息化部门要加强建材生产、流通和使用环节的质量监管和稽查，杜绝性能不达标的建材进入市场。积极支持绿色建材产业发展，组织开展绿色建材产业化示范。

8. 推动建筑工业化

住房城乡建设等部门要加快建立促进建筑工业化的设计、施工、部品生产等环节的标准体系，推动结构件、部品、部件的标准化，丰富标准件的种类，提高通用性和可置换性。推广适合工业化生产的预制装配式混凝土、钢结构等建筑体系，加快发展建设工程的预制和装配技术，提高建筑工业化技术集成水平。支持集设计、生产、施工于一体的工业化基地建设，开展工业化建筑示范试点。积极推行住宅全装修，鼓励新建住宅一次装修到位或菜单式装修，促进个性化装修和产业化装修相统一。

9. 严格建筑拆除管理程序

加强城市规划管理，维护规划的严肃性和稳定性。城市人民政府以及建筑的所有者和使用者要加强建筑维护管理，对符合城市规划和工程建设标准、在正常使用寿命内的建筑，除基本的公共利益需要外，不得随意拆除。拆除大型公共建筑的，要按有关程序提前向社会公示征求意见，接受社会监督。住房城乡建设部门要研究完善建筑拆除的相关管理制度，探索实行建筑报废拆除审核制度。对违规拆除行为，要依法依规追究有关单位和人员的责任。

10.推进建筑废弃物资源化利用

落实建筑废弃物处理责任制，按照"谁产生、谁负责"的原则进行建筑废弃物的收集、运输和处理。住房城乡建设、发展改革、财政、工业和信息化部门要制订实施方案，推行建筑废弃物集中处理和分级利用，加快建筑废弃物资源化利用技术、装备研发推广，编制建筑废弃物综合利用技术标准，开展建筑废弃物资源化利用示范，研究建立建筑废弃物再生产品标识制度。地方各级人民政府对本行政区域内的废弃物资源化利用负总责，地级以上城市要因地制宜设立专门的建筑废弃物集中处理基地。

三、我国发展绿色建筑的建议

经济发展与绿色建筑的发展将互为推动，中国经济的可持续发展依赖于包括建筑在内的各行业的可持续转型，而绿色建筑的有效推动也是以经济发展为基础的，没有经济的发展、人民生活水平的提高，绿色建筑作为一种更高的要求，只能停留在人们的理想之中。应当注意我国绿色建筑的发展将是一个循序渐进的过程，其中弯路不可避免，但只要以实践为依托，在实践中总结经验，发展理论和技术，绿色建筑将成为建筑发展的主流。

（1）完善绿色建筑法规体系。完善《节约能源法》《可再生能源法》《民用建筑节能条例》等法律法规的配套措施，提出推进绿色建筑的各项法律要求，建立起规划设计阶段的绿色建筑专项审查制度、竣工验收阶段的绿色建筑专项验收制度等，修订《建筑法》，建立符合绿色建筑标准要求的部品材料及设备的市场准入制度，促进建设行业绿色转型；指导各地健全绿色建筑地方性法规，建立符合地方特点的推进绿色建筑的法规体系。

（2）构建全生命周期的标准体系。修订《绿色建筑评价标准》《绿色建筑技术导则》等标准规范，完善绿色建筑规划、设计、施工、监理、检测、竣工验收、维护、使用、拆除等各环节的标准；建立既有建筑的绿色改造评价标准体系；修订《夏热冬暖地区居住建筑节能设计标准》，提出绿色建筑技术要求，率先在夏热冬暖地区实现推广绿色建筑的突破；指导各省级住房城乡建设部门编制绿色建筑标准规范、施工图集、工法等。

（3）出台强制推广与激励先进相结合的绿色建筑政策。以政府投资的建筑为突破口，包括保障性住房、廉租房、公益性学校、医院、博物馆等建筑，规定必须达到绿色建筑标准要求，起到引领示范作用；在部分有积极性、有工作基础的地方试点，强制推广绿色建筑标准，要求新开发的城市新区新建建筑必须全部满足绿色建筑技术标准要求，将发展绿色建筑纳入各级政府节能减排考核体系；大力推进供热计量收费制度，加快供热体制改革；研究出台绿色建筑财税激励政策，制定财政资金扶持鼓励绿色生态小城镇与绿色生态示范城区建设的实施方案，研究鼓励绿色建筑发展的税收优惠政策。

（4）进一步扩大绿色建筑示范。争取利用中央财政资金的引导作用，组织实施绿色建筑相关的示范工程。一是单体绿色建筑的示范，组织实施"低能耗建筑与绿色建筑""农村农房节能改造""农村中小学可再生能源建筑应用"等示范；二是城区或小城镇的区域性示范，开展"可再生能源建筑应用城市""低碳生态城建设""园林城市"等示范；三是单项技术的应用示范，如"太阳能屋顶计划""新型节能材料与结构体系应用"等示范。

（5）研究完善绿色建筑产品技术支持体系。编制《绿色建筑技术产品推广目录》，建立健全绿色建筑科技成果推广应用机制，加快成果转化，支撑绿色建筑发展；组织绿色建筑技术研究，在绿色建筑共性关键技术、技术集成创新等领域取得突破，引导发展适合国情且具有自主知识产权的绿色建筑新材料、新技术、新体系。加强国际合作，积极引进、消化、吸收国际先进理念和技术，增强自主创新能力。

（6）大力推进绿色建筑相关产业及服务业。发展建设绿色建筑材料、产品、设备产业化基地，形成与之相应的市场环境、投融资机制，带动绿色建材、节能环保和可再生能源等产业的发展；培育和扶持绿色建筑服务业的发展，加强人员队伍培训，建立从业人员的资格认证制度，推行绿色建筑检测、评价认证制度。

（7）提升全社会对绿色建筑的认识。建立绿色建筑理念传播、新技术新产品展示、教育培训基地，宣传绿色建筑的理论基础、设计理念和技术策略，促进绿色建筑的推广应用；利用报纸、电视、网络等媒体普及绿色建筑知识，提高人们对绿色建筑的正确认识，树立节约意识和正确的消费观，形成良好的社会氛围。

第三章　生态学和生态美学对室内设计的影响

第一节　生态学与生态美学理论概述

一、生态学

（一）生态学概念

"生态学"（Ökologie）一词是 1866 年由勒特（Reiter）合并两个希腊词——Οικοθ（房屋、住所）和 Λογοθ（学科）构成。生态学（Ecology），是德国生物学家恩斯特·海克尔于 1866 年定义的一个概念：生态学是研究生物体与其周围环境（包括非生物环境和生物环境）相互关系的科学。目前已经发展为"研究生物与其环境之间的相互关系的科学"。

最开始接触生态学的概念，人们心中的固有印象就是建设绿色的、可持续发展的环境，或者是在周围的环境空间里多进行绿化，营造一种舒心和宜人的状态。这种固有印象确实是生态学分支的一个概念，但是现在生态学这个概念所研究的重点就是整个大环境中各个因素之间的相互关系，它的侧重点在相互关系方面。所谓相互关系，指的就是各个因素之间从无到有，共同促进相互产生，彼此互相补充、互惠互利、共同发展的一个状态。在这个状态之中，各个因素不管有意识的还是无意识的都在彼此交流，和谐共生。这个环境空间中包含着大千世界中的各个因素，人类自身也是世界中现存因素的一个小分支，所以生态学概念中跟人类生活最为密切相关的就是，提倡人们要正确地认识自然，维护健康和谐不被受到破坏的生态也就是在维护我们自身的生活不受到污染，提倡无论自然或生态都可以和谐相处。

从专业的角度来说，生态学（Ecology）是研究生物与环境之间相互关系及其作用机理的科学。生物的生存、活动、繁殖需要一定的空间、物质与能量。生物在长期进化过程中，逐渐形成对周围环境某些物理条件和化学成分，如空气、光照、水分、热量和无机盐类等的特殊需要。各种生物所需要的物质、能量以及它们所适应的理化条件是不同的，这种特性称为物种的生态特性。

早在 20 世纪，随着科学家开始接触生态学的概念，在对其深入了解之后，对生态学这个在人们初期印象中，相对笼统理念的相关探索也越来越深入，生态学开始作为新兴的专业，进入整个教育和科学领域的历史舞台，并受到人们广泛的关注和了解。此后，生态学的概念广为人知，人们开始把生态学应用到生活和工作中的各个方面，以此来解释社会中的各种问题。

前面提到了生态学概念中的相互作用，相互作用这个关系的理解最早来源于德国科学家赫克尔的理论观点。赫克尔在学术界最早提出关于生态学的概念，赫克尔是一位动物学家，所以他认为的生态学就是动物和周围环境之间的相互作用和相互关系。这种相互关系是动物和其他动物之间、动物和非生物之间的关系。任何生物的生存都不是孤立的：同种个体之间有互助有竞争，植物、动物、微生物之间也存在复杂的相生相克关系。人类为满足自身的需要，不断改造环境，环境反过来又影响人类。

应当指出，由于人口的快速增长和人类活动干扰对环境与资源造成的极大压力，人类迫切需要掌握生态学理论来调整人与自然、资源以及环境的关系，协调社会经济发展和生态环境的关系，促进可持续发展。随着人类活动范围的扩大与多样化，人类与环境的关系问题越来越突出。因此，近代生态学研究的范围，除生物个体、种群和生物群落外，已扩大到包括人类社会在内的多种类型生态系统的复合系统。人类面临的人口、资源、环境等几大问题都是生态学的研究内容。

除了赫克尔，其他科学家和学者对生态概念也做了自己独特的解释。比如，按照生态学家奥德姆（E.P.Odum）的意见，现代生态学是研究生态系统的结构与功能的科学，甚至于"把生态学定义为研究自然界的构造和功能的科学"。生态系统是一个整体系统，是一个动态的开放系统，是一个具有自组织功能的稳定的复杂系统。生态系统的复杂性（complexity）已经引起生态学家的高度重视，所谓"通常是超越了人类大脑所能理解的范围"（蔡晓明，2002），关于生态系统的整体性理论的研究（Jorgensen，1992）和生物多样性研究（Schulz，1993）代表了现代生态学的研究方向。

在著名教育学家钟启泉所著的《课程设计》一书中，重点说明了他所认为的生态观是用来指导人本身和他所处的一切外部环境之间的相互关系，是一种思维模式，更是用这种模式来指导实践的办法。这个方法论解决的是所有的事物和它所伴随的现象之间的关系。他认为，人类、环境空间和其他存在的生物之间不只是互相影响的，他们中还存在着相互制约的关系。一方的顺利发展在很大可能性上也会促进其他因素的发展；而当一方处于不利条件时，另一方的存在条件也会受到很大的威胁，他们各方面之间是一种矛盾的辩证统一关系。

虞永平则在所著的《生活化的幼儿园课程》一书中，对生态学做了这样的阐释：生态学，原指研究生命体与其自然环境之间关系的学问（生态学家在研究中发现，生命体之间以及生命体与无机世界之间，存在着一种极其复杂的相互关联）。但发展到今天，它已经越出生态学学科的界限，成为人们观察世界和发现世界的一种世界观。所谓生态世界观，是一种以万物相联系的视角看待世界的方式。在这个世界上，即使是严重对立的两方，如阴和阳、水与火等，也有着互益互补的可能。目前，人类遇到的众多问题，如环境、战争、科学、教育、经济等方面的问题，假如以生态世界观对待，都将得到良性的解决。

同时，有学者对生态系统以及生态观做出了相关界定。有的学者认为，现代生态学的中心概念是生态系统，生态系统就是在一定空间中共同栖居着的所有生物与其环境之间由于不断地进行物质和能量的交换而形成的统一整体。巴克认为由多个相互依赖的行为情境构成的系统实际上也是一种多层次、有结构的生态系统。美国著名生态学家奥德姆更是提出，生态学是人和环境的整体性的科学，是研究有机体或有机体与其周围环境关系的科学。T.H.Odum 在《系统生态学》第二十七章总结："系统的统一中对于各种生态系统的共同性质进行了宝贵的探索。"他说："每个系统都有相似的设计，而差别主要在于时空范围上。"为了建立生态系统的统一模型，T.H.Odum 做了大量的工作，他指出："人类的重大理论知识只有很少一部分被统一起来。是哪些类型的波动使功率最大化？什么样的系统设计可以从不同质量和不同频率的能量流结合上加以预测？什么样的微模型总结了地球及其大气圈和海洋的生物地理化？……什么样的微模型可以发展成在机制上是真实的，并在作用上是正确的？关于自然的控制环路的知识能够容许人类进行生物圈中生态系统的低能量的灵敏的管理吗？"T.H.Odum 的这段话提出了非常重大的问题，他反映了人类理性的伟大抱负。但是，统一模型的有效性和通用性是必须解决的问题。T.H.Odum 最后说："一般系统的统一是否会促进各专业之间及抽象与真实之间的交流？突出的巨大挑战是用系统模型来理解我们生物圈中的脉冲变化和人类所能起到的作用。这个使命是值得我们全力以赴的。"

钟启泉在课程设计中提到，生态观是一种方法论体系，是人们处理自身与外部环境相互关系的一种科学的思维方法。它强调一切事物和现象之间有一种基本的相互联系、相互影响、相互制约的关系。因此，在研究人与自然关系时，人、生物、环境三者之间必然是相互联系、相互影响、相互制约，其中任何一方发生危机都将威胁他方的生存。生态观强调生态系统内部各要素既斗争又统一，呈现出一种动态的运动过程，从而平衡生态系统各要素的关系，维持生态系统持续发展。

综上有关生态学、生态系统以及生态观的阐释，可以得出，生态学虽然是一门学科，但在人文研究领域，更多的是一种研究的方法论、一种研究的角度。用生态学进行研究时不能割裂地看待某种事物所呈现的现象，不能把它们孤立开来，而无视其他方面在这个事情中所做的努力。我们要坚持用整体的角度来分析发现的问题，这种意识可以用来指导后面所提出的设计实践应用。在进行设计研究的时候，要把握生态理念设计这个切入点，有意识地把设计理念中考虑的各个设计因素置于一个整体的生态系统中，让这个系统中的设计存在因素都能相互促进、共同发展。本书所提到的生态学就是一种观念和立场，生态观强调系统论的研究方法，强调的是一种整体的分析视角，从总体上把握不同要素之间的关系。人、生物和环境是生态系统中不可或缺的要素，我们认为万物都是互相联系、互利共生的，同处于一个生态系统的各生态因子处于不断发展的和谐状态。因此，我们在研究任意一方时都不要忽略另外一方所起的作用。

（二）生态学的基本内容与分类

按所研究的生物类别分有：微生物生态学、植物生态学、动物生态学、人类生态学等。

按生物系统的结构层次分有：个体生态学、种群生态学、群落生态学、生态系统生态学等。

按生物栖居的环境类别分有：陆地生态学和水域生态学。前者又可分为森林生态学、草原生态学、荒漠生态学、土壤生态学等，后者可分为海洋生态学、湖沼生态学、流域生态学等。还有更细的划分，如：植物根际生态学、肠道生态学等。

生态学与非生命科学相结合的有：数学生态学、化学生态学、物理生态学、地理生态学、经济生态学、生态经济学、森林生态会计等；与生命科学其他分支相结合的有：生理生态学、行为生态学、遗传生态学、进化生态学、古生态学等。

应用性分支学科有：农业生态学、医学生态学、工业资源生态学、环境保护生态学、环境生态学、生态保育学、生态信息学、城市生态学、生态系统服务、室外空间生态学等。

（三）生态学的发展阶段

生态学的发展大致可分为萌芽期、形成期和发展期三个阶段。

1. 萌芽期

古人在长期的农牧渔猎生产中积累了朴素的生态学知识，诸如作物生长与季节气候及土壤水分的关系、常见动物的物候习性等。公元前2世纪到公元16世纪的欧洲文艺复兴，是生态学思想的萌芽时期。如公元前4世纪希腊学者亚里士多德曾粗略描述动物不同类型的栖居地，还按动物活动的环境类型将其分为陆栖和水栖两类，按其食性分为肉食、草食、杂食和特殊食性等类。亚里士多德的学生——公元前3世纪的雅典学派首领赛奥夫拉斯图斯在其《植物地理学》著作中已提出类似今日植物群落的概念。

关于生态学的知识，最原始的人类在进行渔猎生活中，就积累着生物的习性和生态特征的有关生态学知识，只不过没有形成系统的、成文的科学而已。直到目前，劳动人民在生产实践中获得的动植物生活习性方面的知识，依然是生态学知识的一个重要来源。作为有文字记载的生态学思想萌芽，在我国和希腊古代著作和歌谣中都有许多反映。我国的《诗经》中就记载着一些动物之间的相互作用，如"维鹊有巢，维鸠居之"，说的是鸠巢的寄生现象。《尔雅》一书中就有草、木两章，记载了200多种植物的形态和生态环境。古希腊的安比杜列斯（Empedocles）就注意到植物营养与环境的关系，而亚里士多德（Aristotle）及其学生都描述了动植物的不同生态类型，如分水栖和陆栖，肉食、食草、杂食等。

公元几世纪出现的介绍农牧渔猎知识的专著，如古罗马公元1世纪老普林尼的《博物志》、公元6世纪中国农学家贾思勰的《齐民要术》等均记述了素朴的生态学观点。

2. 形成期

15世纪以后，许多科学家通过科学考察积累了不少宏观生态学资料。曾被推举为第一个现代化学家的Boyle在1670年发表了低气压对动物效应的试验，标志着动物生理生态学的开端。1735年法国昆虫学家Reaumur在《昆虫学》著作中，记述了许多昆虫生态学资料，他也是研究积温与昆虫发育的先驱。

19世纪，生态学进一步发展。一方面是由于农牧业的发展促使人们开展了环境因子对作物和家畜生理影响的实验研究。例如，在这一时期中确定了5℃为一般植物的发育起点温度，绘制了动物的温度发育曲线，提出了用光照时间与平均温度的乘积作为比较光化作用的"光时度"指标以及植物营养的最低量律和光谱结构对于动植物发育的效应等。

另一方面，马尔萨斯于1798年发表的《人口论》一书造成了广泛的影响。费尔许尔斯特1833年以其著名的逻辑斯谛曲线描述人口增长速度与人口密度的关系，把数学分析方法引入生态学。19 世纪后期开展的对植物群落的定量描述也已经以统计学原理为基础。1851 年达尔文在《物种起源》一书中提出自然选择学说，强调生物进化是生物与环境交互作用的产物，引起了人们对生物与环境的相互关系的重视，更促进了生态学的发展。

19 世纪中叶到 20 世纪初，人类所关心的农业、渔猎和直接与人类健康有关的环境卫生等问题，推动了农业生态学、野生动物种群生态学和媒介昆虫传病行为的研究。由于当时组织的远洋考察都重视对生物资源的调查，从而也丰富了水生生物学和水域生态学的内容。

1855 年 Al.de Candolle 将积温引入植物生态学，为现代积温理论打下了基础。1807 年德国植物学家 A. Humboldt 在《植物地理学知识》一书中，提出植物群落、群落外貌等概念，并结合气候和地理因子描述了物种的分布规律。1859 年法国的 Saint Hilaire 首创 ethology 一词，以表示有机体及其环境之间的关系的科学，但后来一般将此词作为动物行为学的名词。直到 1869 年，Haeckel 首次提出生态学的定义。植物学家 Frederic Clements 和 Henry Gleason 发现了植物群落之间存在的巧妙联系，这是早期的生态学启蒙。1866 年德国动物学家海克尔（Ernst Heinrich Haeckel）初次把生态学定义为"研究动物与其有机及无机环境之间相互关系的科学"，特别是动物与其他生物之间的有益和有害关系，从此揭开了生态学发展的序幕。1877 年德国的 Mobius 创立生物群落（biocoenose）概念。1885 年，H.Reiter 的《外貌总论》中出现生态学一词。而它最开始作为科学性质的专有名词名词出现是在 19 世纪 80 年代，一位生活在德国的著名科学家 E.Heackel 的所做研究并著书的《普通生物形态学》一书中，他认为生态学这个理念探索的是动植物与所在的地域空间之间关系的科学，也就是说生态学在最初阶段的探究范畴是动植物。1890 年 Merriam 首创生命带（life zone）假说。1896 年 Schroter 始创个体生态学（autoecology）和群体生态学（synecology）两个生态学概念。此后，1895 年丹麦哥本哈根大学 Warming 的《植物分布学》（1909 年经作者本人改写，易名为《植物生态学》）和 1898 年德国波恩大学 Schimper 的《植物地理学》两部划时代著作，全面总结了 19 世纪末以前植物生态学的研究成就，标志着植物生态学已作为一门生物科学的独立分支而诞生。至于在动物生态学领域，Adams（1913）的《动物生态学的研究指南》，Elton（1927）的《动物生态学》，Schelford 的《实验室和野外生态学》（1929）和《生物生态学》（1939），Chapman（1931）的以昆虫为重点的《动物生态学》，Bodenheimer（1938）的《动物生态学问题》等教科书和专著，为动物生态学的建立和发展为独立的生物学分支做出了重要贡献。1935 年，英国的 Tansley 提出了生态系统的概念之后，美国的年轻学者 Lindeman 在对 Mondota 湖生态系统详细考察之后提出了生态金字塔能量转换的"十分之一定律"。由此，生态学成为一门有自己的研究对象、任务和方法的比较完整和独立的学科。我国费鸿年（1937）的《动物生态学纲要》也在此时期出版，是我国第一部动物生态学著作。苏联的首部《动物生态学基础》也于 1945 年由 Каш к аро в 完成并出版。但直到 Allee，Emerson 等合写的极为广泛的《动物生态学》原理于 1949 年出版时，动物生态学才被认为进入成熟期。由此可见，植物生态学的成熟大致比动物生态学要早半个世纪，并且自 19 世纪初到中叶，植物生态学和动物生态学是平行和相对独立发展的时期。植物生态学以植物群落学研究为主流，动物生态学则以种群生态学为主流。18 世纪初，现代生态学的轮廓开始出现。如雷奥米尔的 6 卷昆虫学著作中就有许多昆虫生态学方面的记述。瑞典博物学家林奈首先把物候学、生态学和地理学观点结合起来，综合描述外界环境条件对动物和植物的影响。法国博物学家布丰强调生物变异基于环境的影响。德国植物地理学家洪堡创造性地结合气候与地理因子的影响来描述物种的分布规律。

到 20 世纪 30 年代，已有不少生态学著作和教科书阐述了一些生态学的基本概念和论点，如食物链、生态位、生物量、生态系统等。至此，生态学已基本成为具有特定研究对象、研究方法和理论体系的独立学科。

3. 发展期

20 世纪 50 年代以来，生态学吸收了数学、物理、化学工程技术科学的研究成果，向精确定量方向前进并形成了自己的理论体系。数理化方法、精密灵敏的仪器和电子计算机的应用，使生态学工作者有可能更广泛、更深入地探索生物与环境之间相互作用的物质基础，对复杂的生态现象进行定量分析；整体概念的发展，产生出系统生态学等若干新分支，初步建立了生态学理论体系。

从 20 世纪 60 年代至今，是生态学蓬勃发展的年代。第二次世界大战以后，人类的经济和科学技术获得史无前例的飞速发展，既给人类社会带来了进步和幸福，也带来了环境、人口、资源和全球性变化等关系到人类自身生存的重大问题。这些是促进生态学大发展的时代背景和实践基础；而近代的数学、物理、化学和工程技术向生态学的渗透，尤其是电子计算机、高精度的分析测定技术、高分辨率的遥感仪器和地理信息系统等高精技术为生态学发展准备了条件。

生态学已经创立了自己独立研究的理论主体，即从生物个体与环境直接影响的小环境到生态系统不同层级的有机体与环境关系的理论。它们的研究方法经过描述—实验—物质定量三个过程。系统论、控制论、信息论的概念和方法的引入，促进了生态学理论的发展，20 世纪 60 年代形成了系统生态学而成为系统生物学的第一个分支学科。如今，由于与人类生存与发展的紧密相关而产生了多个生态学的研究热点，如生物多样性的研究、全球气候变化的研究、受损生态系统的恢复与重建研究、可持续发展研究等。其后，有些博物学家认为生态学与普通博物学不同，具有定量的和动态的特点，他们把生态学视为博物学的理论科学；持生理学观点的生态学家认为生态学是普通生理学的分支，它与一般器官系统生理学不同，侧重在整体水平上探讨生命过程与环境条件的关系；从事植物群落和动物行为工作的学者分别把生态学理解为生物群落的科学和环境条件影响下的动物行为科学；侧重进化观点的学者则把生态学解释为研究环境与生物进化关系的科学。

后来，在生态学定义中又增加了生态系统的观点，把生物与环境的关系归纳为物质流动及能量交换。20世纪70年代以来，则进一步概括为物质流、能量流及信息流。

由于世界上的生态系统大都受人类活动的影响，社会经济生产系统与生态系统相互交织，实际形成了庞大的复合系统。随着社会经济和现代工业化的高速度发展，自然资源、人口、粮食和环境等一系列影响社会生产和生活的问题日益突出。

为了寻找解决这些问题的科学依据和有效措施，国际生物科学联合会（IUBS）制定了"国际生物计划"（IBP），对陆地和水域生物群系进行生态学研究。1972年联合国教科文组织等继IBP之后，设立了人与生物圈（MAB）国际组织，制定"人与生物圈"规划，组织各参加国开展森林、草原、海洋、湖泊等生态系统与人类活动关系，以及农业、城市、污染等有关的科学研究。许多国家都设立了生态学和环境科学的研究机构。

我国学术界相对于其他国家来说，对于生态学这个概念探索的开始时间比较落后。相反地，德国对于生态教育和环境的研究发展比较丰富，为了促进这个领域研究成果的发展，我国借鉴了德国的研究经验，发扬优点总结教训，并结合本国特色，开始了对生态理念的教育研究，并且形成了较好的理论研究基础。但是我国对生态学的研究大部分仅仅停留在理论研究上，而且因为开始研究的时间落后于其他国家，所以研究深度和广度方面还不是很成熟，相对来说，我国台湾对于生态学的理论发展深度比较成熟。

在20世纪60年代初，我国台湾教育行政部门首先提出了把教育和生态学相结合的观点，并提出要求在台湾的各个大学中增加这个新兴课程，提高教育质量。台湾的各个高校和学者们都对这个提议表示赞同，其中著名的学者方炳林教授，在这个提议的鼓励下首先开始探索关于台湾教育系统的生态学研究，他的观点从"社会、生态教育、生态文化教育"方面出发，但基于当时特殊的时代背景，研究被迫放弃。在20世纪80年代，台湾师范大学的贾锐教授重新开始了这项课题的研究，同时根据台湾具体的教育情况，因地制宜地提出了针对不同问题相对应的解决办法。

4.发展趋势

和许多自然科学一样，生态学的发展趋势是：由定性研究趋向定量研究，由静态描述趋向动态分析；逐渐向多层次的综合研究发展；与其他某些学科的交叉研究日益显著。

从人类活动对环境的影响来看，生态学是自然科学与社会科学的交汇点；在方法学方面，研究环境因素的作用机制离不开生理学方法，离不开物理学和化学技术，而且群体调查和系统分析更离不开数学的方法和技术；在理论方面，生态系统的代谢和自稳态等概念基本是引自生理学，而由物质流、能量流和信息流的角度来研究生物与环境的相互作用则可说是由物理学、化学、生理学、生态学和社会经济学等共同发展出的研究体系。

现代生态学发展的主要趋势如下。

生态系统生态学研究是生态学发展的主流。国际生物学计划（IBP，1964—1974）有97个国家参加，包括陆地生产力、淡水生产力、海洋生产力、资源利用和管理等7个领域的生物科学中空前浩大的计划，其中心是全球主要生态系统的结构、功能和生物生产力研究。IBP先后出版35本手册和一套全球主要生态系统丛书。以后，被1972年开始的更具有实践意义的人与生物圈（MAB）计划所替代。以生态系统为中心的特点也反映在生态学教科书上。E. Odum的《生态学基础》（1983改名为 *Basic Ecology*），开创以生态系统为骨干的体系。以后，分别讨论植物生态学和动物生态学的教材就很少了。Harper（1977）的研究，打开了植物种群生态学的局面，也促进了动植物生态学的汇流。种群生态学成为生态系统研究的基础。

系统生态学的发展是系统分析和生态学的结合，它进一步丰富了本学科的方法论，E. Odum甚至称其为生态学发展中的革命。Patten等（1971）的《生态学中的系统分析和模拟》、Smith（1975）的《生态学模型》、Jorgenson（1983，1988）的《生态模型法原理》和H. Odum（1983）的《系统生态学引论》等为这方面的主要专著。

20世纪70年代以来，群落生态学有明显发展，由描述群落结构发展到数量生态学，包括群落的排序和数量分类，并进而探讨群落结构形成的机理。如Strong等（1984）的《生态群落》、Gee等（1987）的《群落的组织》和Hastings（1988）的《群落生态学》文集。Tilman（1982，1988）则从植物资源竞争模型研究开始探讨群落结构理论，如《资源竞争与植物群落》和《植物对策与植物群落的结构和动态》。Cohen的《食物网和生态位空间》（1978）、《群落食物网：资料和理论》（1990）和Pimm的《食物网》（1982）等著作，使食物网理论有明显发展，特别是提出一些统计规律和预测模型（如级联模型 cascade model）。Schoener（1986）则明确提出"群落生态学的机理性研究：一种新还原论"。

现代生态学向宏观和微观两极发展，虽然宏观的是主流，但微观的成就同样重大而不容忽视。在生理生态学方面，20 世纪 80 年代以来的重要专著有 Townsend 等（1981）的《生理生态学：对资源利用的进化研究》，Sibly 等（1987）的《生理生态学：进化研究》，其作者之一 Calow 创办的《功能生态学》新刊（1987 年开始，英国生态学会主办）。1986 年有 20 余名专家讨论生理生态学研究新方向，提出了发展有机体生物学的一个多学科综合研究。植物生理生态学领域的重要著作有 Lacher（1975）的《植物生理生态学》。

德国的 Lorens（1950）和 Tinbergen（1951，1953）发展了行为生态学，他们均是诺贝尔奖奖金获得者。Wilson（1975）的《社会生物学：新的综合》是一部名著，重点在社群行为。J. Krebs（1978，1987）的《行为生态学引论》是该领域第一本较全面系统的专著。至于从进化角度讨论行为的专著有 Alock（1975）的《动物的行为：进化研究》和 Barnard（1983）的《动物的行为：生态学和进化论》。

种间和种内斗争，都会依赖于化学物质，它也是群落和生态系统的基础。生态学考虑信息的作用为时不长。第一本是 Sondheimer（1969）的《化学生态学》，以后有 Barbier（1979）的《化学生态学引论》、Harborne（1988）的《生态生物化学引论》和 Bell 等（1984 年和 1990 年有中译本）的《昆虫化学生态学》。

生态学、行为学和进化论相结合，形成了进化生态学，也是当前生态学发展的一个特点。最早提出进化生态学的是 Orians（1972）。20 世纪 70 年代获得较显著发展，出现多本专著，如 Pianka（1974）、Emlen（1973）、Shorrocks（1984）和苏联学者 Shvarts（1977）所著的专著都以"进化生态学"或类似书名出版。Futuyma（1983）则编著了《协同进化》。

应用生态学的迅速发展是 20 世纪 70 年代以来的另一重要趋势，其方向多、涉及领域和部门广，与其他自然科学和社会科学结合点多，真是五花八门，使人感到难以给予划定范围和界限。限于篇幅，仅介绍几个显著的。生态学与环境问题研究相结合，是 20 世纪 70 年代后期应用生态学最重要的领域。这不仅是污染生态学的发展，还促进保护生态学、生态毒理学、生物监察、生态系统的恢复和重建、生物多样性的保护等方向发展。主要著作如：Anderson（1981）的《环境科学用的生态学》、Park（1980）的《生态学与环境管理》、Polunin（1986）的《生态系统的理论与应用》、IUCN（1980）的《世界保护对策：生物资源保护与持续发展》等。

生态学与经济学相结合，产生了经济生态学。虽然这是尚未成熟的学科，但国内外都给以相当重视，它研究各类生态系统、种群、群落、生物圈的过程与经济过程相互作用方式、调节机制及其经济价值的体现。适宜于生态学家读的可能是 Clark（1981）的《生物经济学》一书。

生态工程是根据生态系统中物种共生、物质循环再生等原理设计的分层多级利用的生产工艺。我国在农业生态工程应用上广为群众接受，创造了许多不同形式，已引起国际上重视，虽然其理论发展还落后于实践。Mitsch（1989）等的《生态工程》是世界上第一本生态工程专著。

人类生态学的定义、内容和范围，大约是最难准确划定的，它也是联系自然科学和社会科学的纽带。虽然 20 世纪 70 年代已有人类生态学专著出现，如 Sargent（1974）、Ehrlich（1973）和 Smith（1976）所著的《人类生态学》，以后有 Clapham（1981）的《人类生态系统》，但尚未见公认而比较系统的专著。马世骏（1983）提出的"社会—经济—自然"复合生态系统的概念与人类生态系统很接近，而苏联的《社会生态学》（马尔科夫，1989）大致与人类生态学相一致。

此外，农业生态学、城市生态学、渔业生态学、放射生态学等都是生态学应用的重要领域。

与应用领域密切相关、研究层次又更为宏观的室外空间生态学和全球生态学是近一二十年发展起来的新方向。前者如 Naveh（1983）的《室外空间生态学：理论和应用》，Forman 等（1986）的《室外空间生态学》。后者与全球性的环境问题和全球性变化有关，也可称为生物圈生态学，而盖阿假说（Gaia hypothesis），即地球表面的温度和化学组成是受地球这个行星的生物总体（biota）的生命活动所主动调节，并保持着动态的平衡。这是全球生态学的主要理论，目前已受到广泛重视。全球生态学的主要著作有：Lovelock（1988）的《盖阿时代》，Rambler（1989）的《全球生态学：走向生物圈科学》和 Bolin（1979）、Southwick（1985）等以"全球生态学"为书名的专著。

二、生态美学

（一）生态美学的产生背景

生态美学产生于后现代经济与文化背景之下。迄今为止，人类社会经历了原始部落时代、早期文明的农耕时代、科技理性主导的现代工业时代、信息产业主导的后现代。所谓后现代在经济上以信息产业、知识集成为标志。在文化上又分解构与建构两种。建构的后现代是一种对现代性反思基础之上的超越和建设。对现代社会的反思是利弊同在。所谓利，是现代化极大地促进了社会的发展；所谓弊，则是现代化的发展出现危及人类生存的严重危机。从工业化初期"异化"现象的出现，到第二次世界大战的核威胁，到 20 世纪 70 年代之后环境危机，再到当前"9.11"为标志的帝国主义膨胀所造成的经济与文化的剧烈冲突。总之，人类生存状态已成为十分紧迫的课题。

生态学的最新发展为生态美学提供了理论营养。后现代语境中产生的当代生态学又被称为"深层生态学"，首先由挪威哲学家阿伦·奈斯在 1973 年提出。深层生态学旨在批判和反思现代工业社会在人与自然关系上出现的失误及其原因，把生态危机归结为现代社会的生存危机和文化危机，主张从社会机制、价值体系上寻找危机的深层根源，以深层思考在生态问题上人类生活的价值和社会结构的合理性问题。

自我实现原则是深层生态学追求的至高境界。深层生态学的"自我实现"概念中的"自我"与形而上学的一个孤立的、与对象分离的"自我"有根本区别，与社会学所追求的人的权利、尊严、自由平等以及所谓的幸福、快乐等都是以个人为基点的"自我"也不同。奈斯用"生态自我"来突出强调这种"自我"只有纳入人类共同体、大地共同体的关系之中才能实现。深层生态学讲的"自我实现"的过程是人不断扩大自我认同对象范围的过程。即在大自然之中，不是与大自然分离的孤立个体；作为人的本性是由与他人、与自然界中其他存在者的关系所决定。当把其他存在者的利益视为自我的利益，方能达到所谓的"生态自我"境界。

当今世界，人类面临的危机已经具有全球的性质。第一，对自然生态系统的任何局部破坏，都会对整个自然生态系统产生决定性的影响，因而都威胁着人类的生存。第二，任何个人的生存都必然依赖于"类"的生存，如果失去了人类的生存条件，任何个人都不可能生存下去。第三，解决困境的出路也只能是全人类的统一行动，任何局部的个人、民族和国家都不可能单独解决这一全局性的问题。因此，价值观和伦理观需要实现从个人本位向类本位的转变。

生态中心平等主义是深层生态学的另一准则，其基本含义就是指：生物圈中的一切存在者都有生存、繁衍和体现自身、实现自身的权利。在生物圈大家庭中，所有生物和实体作为与整体不可分割的部分，它们的内在价值是均等的，"生态"与"生命"是等值的、密不可分的，生存和发展的权利也是相同的。人类作为众多生命形式中的一种，把其放入自然的整个生态系统中加以考察，并不能得出比其他生命形式高贵的结论。用马斯洛的话就是："不仅人是自然的一部分，自然是人的一部分，而且人必须至少和自然有最低限度的同型性（和自然相似）才能在自然中生长……在人和超越他的实在之间并没有绝对的裂缝。"

总之，当代生态学——深层生态学所提供的理论资源，为生态美学的产生与发展提供了极为丰富的营养。生态美学是在 20 世纪 80 年代中期以后，生态学取得长足发展并逐步渗透其他各有关学科的情况之下逐步形成的。

后现代文化形态为生态美学的产生奠定了必要的前提。根据托马斯·伯里的观点，后现代文化体现的是一种生态时代的精神。他认为，在具体化的生态精神出现之前，人类已经经历了三个早期的文化—精神发展阶段：首先是具有原始宗教形式的部落时代（在这个时代自然界被看作神灵们的王国）；其次是产生了伟大的世界宗教的古典时代（这个时代以对自然的超越为基础）；再次是科学技术成了理性主义者的大众宗教的现代工业时代（这个时代以对自然界实施外部控制和毁灭性的破坏为基础）。直到现在，在现代的终结点上，我们才找到了一种具体化的生态精神（同自然精神的创造性的沟通融合）。如果考虑经济因素和其他条件，可以认为，后现代信息经济社会超越了以科技理性为主导的工业时代社会，这是走向生态平衡和协调发展的生态精神时代。

生态美学的产生还同 20 世纪 70 年代末、80 年代初欧美美学与文学理论领域所发生的"文化转向"密切相关。众所周知，从 20 世纪初期形式主义美学的兴起开始，连绵不断地出现了分析美学、实用主义美学、心理学美学等科学主义浪潮，侧重于对文学艺术内在的、形式的与审美特性的探讨；而到 20 世纪 70 年代末、80 年代初开始再现对当前政治、社会、经济、文化、制度、性别、种族等人文主义美学的浓厚兴趣。正如美国美学学者加布里尔·施瓦布所说："美国批评界有一个十分明显的转向，即转向历史的和政治的批评。具体来说，理论家们更多关注的是种族、性别、阶级、身份等等问题，很多批评家的出发点正是从这类历史化和政治化问题着手从而展开他们的论述的，一些传统的文本因这些新的理论视角而得到重新阐发。"美学在新时代的这种"文化转向"恰恰是后现代美学的重要特征，这就使关系到人类生存与命运问题的探讨必然进入美学研究领域，成为其重要课题，从而为生态美学产生提供必要条件。

（二）生态美学的概念

生态美学，就是生态学和美学相应而形成的一门新型学科。生态学是研究生物（包括人类）与其生存环境相互关系的一门自然科学学科，美学是研究人与现实审美关系的一门哲学学科，然而这两门学科在研究人与自然、人与环境相互关系的问题上却找到了特殊的结合点。生态美学就生长在这个结合点上。

作为一门形成中的学科，它可能向两个不同侧重面发展，一是对人类生存状态进行哲学美学的思考，一是对人类生态环境进行经验美学的探讨。但无论侧重面如何，作为一个美学的分支学科，它都应以人与自然、人与环境之间的生态审美关系为研究对象。

生态美学有狭义与广义两种理解。狭义的生态美学着眼于人与自然环境的生态审美关系，提出特殊的生态美范畴。广义的生态美学则包括人与自然、社会以及自身的生态审美关系，是一种在新时代经济与文化背景下产生的有关人类的崭新的存在观。生态美学将和谐看作是最高的美学形态，这种和谐不仅是现实的和谐，也是精神上的和谐。它是在后现代语境下，以崭新的生态世界观为指导，以探索人与自然的审美关系为出发点，涉及人与社会、人与宇宙以及人与自身等多重审美关系，最后落脚到改善人类现实的非美的存在状态，其深刻内涵是包含着新的时代内容的人文精神，建立起一种符合生态规律的审美的存在状态。这是一种人与自然和社会达到动态平衡、和谐一致的崭新的生态存在论美学观。

　　生态美学看生命，不是从个体或物种的存在方式来看待生命，而是超越了生命理解的局限与狭隘，将生命视为人与自然万物共有的属性，从生命间的普遍联系来看待生命。美无疑是肯定生命的，但是与传统美学的根本不同在于，生态美学说的生命不只是人的生命，而是包括人的生命在内的这个人所生存的世界的活力。其审美标准由以人为尺度的传统审美标准转向以生态整体为尺度。原野上的食粪虫美不美？依照传统的审美标准，人们认为它们是肮脏的、恶心的、对人不利的；依照生态美学的审美标准，它们是值得欣赏和赞美的美好生灵，因为它们对原野的卫生意义重大，因为它们是生态系统中重要的环节。"高峡出平湖"美不美？过去我们习惯于欣赏这类宏伟的工程，说到底是欣赏我们自己，却很少将这种大规模的破坏生态环境、严重违反自然规律的人造"美景"放在生态整体中考察。从生态美学的角度去看，那是最可怕的丑陋。卡尔森说得好："生态美学既然是'全体性美学'（universal aesthetics），其审美标准就必然与以人（审美主体）为中心、以人的利益为尺度的传统美学截然不同。生态美学的审美，依照的是生态整体的尺度，是对生态系统的秩序满怀敬畏之情的'秩序的欣赏'（order appreciation），因此这种审美欣赏的对象，很可能不是整洁、对称的、仅仅对人有利的，而是自然界的'不可驾驭和混乱'（unruly and chaotic）。"

　　生态美和其他形态的美如自然美、社会美、形式美、艺术美一样，是人的价值取向和某种客观事物融合为一的一种状态或过程，但生态美也不同于其他形态的美。美的形态的区分，主要依据产生美的客观事物，如自然山水、社会生活、艺术，而生态美产生的客观基础是生态系统。生态系统是非常复杂的系统，不仅有自然事物，也包括社会事务；不仅指自然环境，也包括人造环境。种种不同的事物所构成的生态系统的外观可以说是形式多样、内涵丰富。

　　生态美学是生态学与美学的有机结合，实际上是从生态学的方向研究美学问题，将生态学的重要观点吸收到美学之中，从而形成一种崭新的美学理论形态。生态美学从广义上来说包括人与自然、社会及人自身的生态审美关系，是一种符合生态规律的当代存在论美学。它产生于 20 世纪 80 年代以后生态学已取得长足发展并渗透其他学科的情况之下。1994 年前后，我国学者提出生态美学论题。2000 年年底，我国学者出版有关生态美学的专著，标志着生态美学在我国进入更加系统和深入的探讨。

所谓后现代在经济上以信息产业、知识集成为标志。

我国在经济上处于现代化的发展时期，但文化上是现代与后现代共存，已出现后现代现象。这不仅由于国际的影响，而且我国自身也有市场拜物、工具理性泛滥、环境严重污染、心理疾患漫延等等问题。这样的现实呼唤关系到人类生存的生态美学诞生。

生态美学以当代生态存在论哲学为理论基础。生态学是 1866 年由德国生物学家海克尔提出，属自然科学范围。1973 年，挪威哲学家阿伦·奈斯提出深层生态学，实现了自然科学实证研究与人文科学世界观探索的结合，形成生态存在论哲学。这种新哲学理论突破主客二元对立机械论世界观，提出系统整体性世界观；反对"人类中心主义"，主张"人—自然—社会"协调统一；反对自然无价值的理论，提出自然具有独立价值的观点。同时，提出环境权问题和可持续生存道德原则。

生态美学是一门正在建设中的新兴学科，从产生到现在只有十几年的时间。2010 年 7 月出版的曾繁仁先生的《生态美学导论》是一部新时期生态美学研究的最新的重要成果，这部论著全面地、系统地论述了生态美学的产生与内涵以及国内外生态美学的资源，并提出了对生态美学建设的反思。这部《生态美学导论》使生态美学这门学科更加周延、完备并更有说服力。

（三）生态美学的研究对象及内容

为生态美学定位，最基础的还是要关注它的研究对象和内容，确定了这一点，也就等于基本上确定了它的坐标，确定了它的位置。生态美学，作为生态学和美学相交叉而形成的一门新型学科，具有一定生态学特性或内涵，当然也具有美学的特性与内涵。生态学是研究生物（包括人类）与其生存环境相互关系的一门自然科学学科，美学是研究人与现实审美关系的一门哲学学科，然而这两门学科在研究人与自然，人与环境相互关系的问题上却找到了特殊的结合点，生态美学就生长在这个结合点上。研究这样一种关系，实际上也就需要一种生态存在论的哲学思想，一种看待这一关系的眼光和视野。生态美学对人类生存状态进行哲学美学的思考，是对人类生态审美观念反思的理论。

黑格尔认为，哲学以人类的思想为对象，因为思想是认识绝对理念最高的和唯一的方式。对思想的把握只能通过反思来进行，他在《小逻辑》中指出，反思以思想本身为内容，力求思想自觉具有思想。海德格尔也认为哲学的研究对象是"在"，而不是"在者"。美学属于哲学性质的学科，生态美学作为哲学美学的概念和体系，系统整合了各方面的生态思想和观念，形成了一种精神理念或思想意识形态。从这个意义上说，生态美学以人的生态审美观念为研究对象，目的在于反思传统的审美观念，确立新的生态审美观。美学是形而上之思，而不是形而下的探讨。如果把生态美学当作实用美学来研究，只能降低生态美学研究的意义所在，也就不能在思想和观念层面上来真正认识生态对于整个人类生命和我们美学研究的价值。还因为生态不仅是一个新的科学概念，也是一种新的人类生存方式的出现，我们应该在文化的意义上来认识生态。如果我们要把生态观念的出现作为一种"文化范式"来看待，那么，在我们生活的领域里就如发生"认识论"转向、"语言学"转向、"视觉"转向一样的一次深刻的"哥白尼革命"。"哥白尼革命"宣告了地球不是宇宙的中心，生态美学同样宣告了人类也不是地球的中心。在生态文化的立场上看生态美学，其意义在于它是美学上的一次革命性的转向。所以，我们只有在生态审美观的意义上进行生态美学的研究才能推动美学自身的发展，而不是将生态美学仅仅停留在生态具体的美学研究上。

生态审美观的建构是以对"生态"的理解为前提的。生态学认为，一定空间中的生物群落与其环境相互依赖、相互作用，形成一个有组织的功能复合体，即生态系统。系统中各种生物因素（包括人、动物、植物、微生物）和环境因素按一定规律相联系，形成有机的自然整体。正是这种作为有机自然整体的生态系统，构成了生态学的特殊研究对象。生态学关于世界是"人—社会—自然"复合生态系统的观点，构成了生态世界观。它推动了人们认识世界的思维方式的变革，把有机整体论带到各门学科研究当中。这一点对于确定生态美学的研究对象十分重要。生态美学按照生态学世界观，把人与自然、人与环境的关系作为一个生态系统和有机整体来研究，既不是脱离自然与环境去研究孤立的人，也不是脱离人去研究纯客观的自然与环境。也是就是说，生态美学应该把包括自然、环境、文学、艺术等在内的一切具有生态美因素，并与整体生存状态有关的事物纳入生态美学宏观的研究对象。美学不能脱离人，生态美学把人与自然、人与环境之间的生态审美关系作为研究对象，这表明它所研究的不是由生物群落与环境相互联系形成的一般生态系统，而是由人与环境相互联系形成的人类生态系统。人类生态系统是以人类为主体的生态系统，以人类为主体的生态环境比以生物为主体的生态环境还要复杂得多，它既包括自然环境（生物的或非生物的），也包括人工环境和社会环境。当然，由人与环境相互作用构成的人类生态系统以及人类生态环境，不仅是生态美学的研究对象，也是各种以人类生态问题为中心的生态学科（如生态经济学、生态伦理学等）的研究对象。但是，生态美学毕竟是美学，它对生态问题的审视角度应当是美学的。它不是从一般的观点，而是从人与现实审美关系这个独特的角度，去审视、探讨由人与自然、人与环境构成的人类生态系统以及人类生态环境问题。生态美学以审美经验为基础，以人与现实的审美关系为中心，去审视和探讨处于生态系统中的人与自然、人与环境的相互关系，去研究和解决人类生态环境的保护和建设问题。

生态美学的研究内容可以大致分成四部分：一部分是对国外生态美学研究成果的系统介绍和翻译；一部分是对存在本体论和艺术本体论的研究，阐述自然如何作为存在本源以及如何在自然本体论的基础上理解艺术；一部分是对自然信仰的研究，它将为现代人的生存和艺术活动提供一种新的精神引导。在这几部分中，对中西方哲学美学史上既有思想资源的梳理和对话将占据非常重要的地位。最后一部分是生态美学理论在文学批评和文化研究中的具体应用，其中包括使用生态批评方法对中西方文学史作品的重新解读，对艺术"生态性"的界定，以及对"反生态"的现代文化艺术现象的批评等。

（四）生态美学的研究方法

哲学研究存在，称为本体论，它是传统哲学框架的支柱和理论基础。在对生态美学的研究中，其研究方法应该建立在本体论的基础之上，换句话说，生态美学应该以本体论作为研究的理论前提。

吴国盛在《自然本体化之误》一书中提出这样的观点：物质，或自然界，不是哲学本体，研究物质和自然界是自然科学的任务，应当把人作为本体，从人类主体的角度、人类实践的角度来看待世界。对此，余谋昌说："我们在这样的意义上赞同上述看法，人是指人的世界，包括人和自然，是人和自然相互作用的世界。也就是说，世界的存在是'人—社会—自然'复合生态系统，世界本原（本体）不是纯客观的自然界，也不是纯粹的人，而是'人—社会—自然'复合生态系统的整体。"这是现代生态学的看法。

对人的感性与理性、主观与客观的分裂反思是从康德开始的。康德以前的西方美学大多囿于认识论的范围，美与审美离不开"摹仿""对称""典型"等范畴。康德看到了近代哲学"认识论"转向以后致命的问题，那就是事先假定认识的对象存在，然后规定人们的认识要符合那个不依赖于人的认识的"自在之物"。为了解决这个难题，康德提出来"先天综合判断"的命题。他一方面认为仅仅具有经验是不够的，因为它解决不了知识的普遍必然性的问题，其中一定包含着某种先验的因素。于是，他提出了"我们如何能够先验的经验对象"的问题。对于这个问题，如果我们用传统的"人的认识符合对象"的思维模式是解决不了的，因此康德对此来了一个颠倒，即"对象要符合人的认识"。这说明只有通过主体的先天认识形式去规定对象，才能够获得知识的普遍必然性，这种变革被称为"哥白尼革命"。康德认为，认识论不考察人的认识能力而去探究普遍必然性的知识的可能性，和本体论不考察人是否具有掌握世界本体的能力，从而谈论世界的本体，都是不现实的，也是不可能的。他认为，哲学的任务便是对人的认识能力的考查，主体的认识能力决定着知识的可能性和必然性。这种对主体认识能力的研究为主体性的研究开辟了道路，为以主体自我反思作为出发点去理解世界指明了方向并为生命哲学的本体论建构奠定了基础。

　　海德格尔认为主客二分的认识论思维只能认识"物"，而不能达到对"在"的把握。这样，形而上学的历史就是"在"的遗忘史。海德格尔看出了传统哲学不是从主体中引出客体，就是从客体中引出主体，并就此追问事物本质的巨大局限性，认为传统哲学所追问的这个普遍最高的本质只不过是作为全体存在者的存在，或者说"存在性"，而恰恰遗忘了"存在"本身，也就是使存在者作为存在者的那种东西，"存在"是使一切存在者得以可能的基础和先决条件。因此，只有先弄清存在者存在的意义，才能懂得存在者的意义。而要做到这一点，就需要重新寻找理论的突破点，这也就是"此在"（Dasein），即要揭示存在的意义需通过揭示人自己的存在来达到。因为只有人这种特殊的存在者才能成为存在问题的提出者和追问者，只有人才能揭示存在的意义。这样，"此在"就成了海德格尔突破传统哲学、建立其存在体系的逻辑起点，而揭示"此在"基本存在状态的过程，也就是对传统哲学主客之分的思维方式的转向过程。海德格尔认为，我不再世界之外，世界也不在我之外，两者是一体的存在。这其实就是道家的"物我同一"的状态。海德格尔说："真理是'存在'的真理……美的东西属于真理和显现，真理的定位。"他还说："真理本质上就具有'此在'式的存在方式，由于这种存在方式，一切真理都同'此在'的存在相连。唯当'此在'存在，才有真理。唯当'此在'存在，存在者是被展开的。唯当'此在'存在，牛顿定律、矛盾定律才在，无论什么真理存在。'此在'根本不存在之后，任何真理都将不再。"就是说不论神学还是其他任何科学，都必须还原于人，这样"此在"的存在才有意义。海德格尔完成了从认识论到本体论的转换，换句话说，海德格尔使本体论得到了复兴。

　　其实本体论并不是一个新的创造，也不是一个时髦的用语，在古希腊时的哲学就是本体论哲学。古希腊的哲学家把世界的本原称为"水""火""原子"等等，就是把这些事物作为本体来对待的。之所以说海德格尔复兴了本体论是因为传统本体论是实体本体论，现代本体论是生命本体论。生命本体论不是一般的反对研究事物的存在，而是反对研究与生命无关的存在。这里的生命不是单单指人的生命，而是指一切具有生命的生生不息的存在，包括有机自然界的存在。现代本体论认为"本体"不是实体，它是一个具有功能性的概念。现代思维的一个特点是消解实体性思维，因为实体性思维是传统本体论的产物。我们过去总是习惯于追究事物背后的实体，其实这个所谓的实体是不存在的，它是人类思维悬设的结果。奎因提出本体悬设就体现了对本体论前提的自觉的理论要求。奎因认为，任何理论家都有某种本体论的立场，都包含着某种本体论的前提。奎因对本体论的新理解，改变了形而上学的命运，重新确立了本体论的地位，本体论问题就是"何物存在"的问题。但是，这里有两种截然不同的立场：一种是本体论事实问题，即"何物实际存在"的问题，这是时空意义上的客体存在问题；另一种是本体论悬设的问题，即"说何物存在"问题，这是超验意义上的观念存在问题。这样他就否定了传统本体论的概念和知识论立场上的方法，认为并没有一个实际存在的客观本体。本体问题不是一个事实性的问题，这样就把传统本体论问题转换成了理论的约定和悬设问题。因此，本体悬设就不是一个与事实有关的问题，而是一个与语言有关的问题，是思维前提的建构问题，它也是一种信念和悬设的问题。

在生态美学的研究中，如果我们把生态的本体悬设为生命，那么我们就可以从生命的立场上去研究生态美学。从生命与环境的关系中我们便看到了生态美的深刻的本体论含义：生命是建立在生命之间、生命与环境之间相互支持、彼此依赖、共同进化的基础上。每一生命包含着其他的生命，生命之间和生命与环境之间相互支持、相互保护，生命本身也包含着环境，没有谁能单独生存，生命之间的关系、生命与环境的关系，与生命的存在同样真实。

本体论研究是生态美学理论的核心部分，主要采用现象学方法。现象学不满于把世界当作理性思考的现成对象，它要深入反思赋予人类理性认识能力、让世界在人类意识中如是显现的根源。胡塞尔把这个根源理解为人的意识结构。海德格尔把这个根源理解为"自然"，即存在者如其本然的自我显现。梅洛·庞蒂则通过研究身体经验与本原相遇，身体在客观经验产生之前就提供了一个让"我"和世界相遇的场所，它同时意味着被感官意向性包容的世界，和通过向世界持续敞开而逐渐成熟的感受力，介于纯粹肉体和纯粹意识之间的身体意味着一种比思想更古老的人与世界的关联方式。杜夫海纳进一步把梅洛·庞蒂寻找的这个基础的存在明确化为"自然"，即"经验中的所有先验因素的本体论根源"。在生态美学的视野中，艺术的职责就是向人展示存在的必然性，让人通过感受与他人、万物、历史的共在而更深刻地理解自我，获得清新刚健的生命力量。生态美学还强调自然信仰的精神维度。由于现代文明缺少超越性的精神信仰，人沉溺于碎片式的、当下性的感性生存中，艺术则一直在加重绝望、焦虑和愤世嫉俗的感受。人类文明史上的信仰多种多样，但生态美学要把信仰建立在作为存在本原的自然上面。信仰自然意味着相信在人类文明之外还存在着一种更古老更永恒的本原的力量，人类学研究敞开一个超越的精神境界。以现象学方法为主要研究方法并借鉴中西方哲学美学的多种理论资源，以存在和审美本体论研究、自然信仰理论研究、具体的批评实践作为主要内容，关注自然生态危机和人类的精神与文化生存状态，生态美学终将推动一种人与自然、自我、他人和社会达到动态平衡、和谐一致的理想生存境界的出现

（五）生态美学的内涵及意义

从目前看，关于生态美学有狭义和广义两种理解。狭义的生态美学仅研究人与自然处于生态平衡的审美状态，而广义的生态美学则研究人与自然以及人与社会和人自身处于生态平衡的审美状态。笔者的意见更倾向于广义的生态美学，将人与自然的生态审美关系的研究放到基础的位置。因为所谓生态美学首先是指人与自然的生态审美关系，许多基本原理都是由此产生并发展开来。但人与自然的生态审美关系上升到哲学层面，具有了普遍性，也就必然扩大到人与社会以及人自身的生态审美关系。由此可见，生态美学的对象首先是人与自然的生态审美关系，这是基础性的，然后才涉及人与社会以及人自身的生态审美关系。

生态美学如何界定呢？生态美学的研究与发展不仅对生态科学具有重要意义，而且将会极大地影响乃至改造当下的美学学科。简单地将生态美学看作生态学与美学的交叉，以美学的视角审视生态学，或是以生态学的视角审视美学，恐怕都不全面。笔者认为，对于生态美学的界定应该提到存在观的高度。生态美学实际上是一种在新时代经济与文化背景下产生的有关人类的崭新的存在观，是一种人与自然、社会达到动态平衡、和谐一致的处于生态审美状态的存在观，是一种新时代的理想的审美的人生，一种"绿色的人生"。而其深刻内涵却是包含着新的时代内容的人文精神，是对人类当下"非美的"生存状态的一种改变的紧迫感和危机感，更是对人类永久发展、世代美好生存的深切关怀，也是对人类得以美好生存的自然家园与精神家园的一种重建。这种新时代人文精神的发扬在当前世界范围内霸权主义、市场本位的形势下显得越发重要。

下面从四个方面对生态美学的内涵及其意义加以进一步的阐释。

第一，生态美学是20世纪后半期哲学领域进一步由机械论向存在论演进发展的表现。美国环境哲学家科利考特指出，我们生活在西方世界观千年的转变时期——一个革命性的时代，从知识角度来看，不同于柏拉图时期和笛卡尔时期。一种世界观——现代机械论世界观，正逐渐让位于另一种世界观。谁知道未来的史学家们会如何称呼它——有机世界观、生态世界观、系统世界观……这里科利考特所说的"有机世界观、生态世界观、系统世界观"等等，实际上是存在论哲学观在新时代的丰富，

包含了生态哲学的内容。应该说，在西方哲学中，由机械论向存在论的转向在18世纪下半叶的康德与席勒的美学思想中即已开始。20世纪初期，尼采的生命哲学、胡塞尔的现象学哲学更深入地涉及存在论哲学。直到第二次世界大战前后，萨特正式提出存在主义哲学，进一步将人的"存在"提到本体的高度。此后，众多哲学家又都沿着这样的理论路径进一步深入探讨。而马克思独辟蹊径，早在1845年《关于费尔巴哈的提纲》中提出实践论哲学，借以取代机械唯物论。而实践论就是一种建立在社会实践基础之上的唯物主义存在论，以社会实践作为人的最基本的存在方式。应该说，实践论已经从理论上克服了机械论的弊端，为存在论哲学开辟了广阔的前景。但理论总是相对苍白的，而实践之树常青。理论的生命在于不断吸取时代营养，与时俱进。马克思主义实践论不仅应该吸取西方当代存在主义哲学的合理因素，而且应该吸取当前产生的生态哲学及与之相关的生态美学的合理因素。生态哲学与生态美学的合理因素就是人与自然、社会处于一种动态的平衡状态。这种动态平衡就是生态哲学与生态美学最基本的理论。具体地说可包含无污染原则与资源再生原则。所谓无污染原则就是在人与自然、社会的动态关系中不留下物质的和精神的遗患；所谓资源再生原则就是指人与自然、社会的动态关系应犹如大自然界的生物链，不仅消耗资源，而且能够再生长资源，而这种消耗与再生长均处于平衡状态。这样的原则就极大地丰富了马克思在《1844年经济学哲学手稿》中有关"人也按照美的规律来建造"的理论。很显然，"按照美的规律来建造"就不仅是"把内在的尺度运用到对象之上"，而且也是"按照任何一个种的尺度来进行生产"，是两者的统一。同时，在这两者的统一之中，也应包含生态美学的平衡原则及与此相关的无污染原则与资源再生原则。这就是笔者所理解的生态美学哲学内涵的重要方面。

第二，生态哲学及与其相关的生态美学的出现，标志着20世纪后半期人类对世界的总体认识由狭隘的"人类中心主义"向人类与自然构成系统统一的生命体系这样一种崭新观点的转变。长期以来，我们在宇宙观上总是抱着"人类中心主义"的观点。公元前5世纪，古希腊哲学家普罗泰戈拉提出著名观点"人是万物的尺度"。尽管这一观点在当时实际上是一种感觉主义真理观，但后来许多人却将其作为"人类中心主义"的准则。欧洲文艺复兴与启蒙运动针对中世纪的"神本主义"提出"人本主义"。而这种"人本主义"思想即包含人比动植物更高贵、更高级，人是自然界的主人等"人类中心主义"观点，进而引申出"控制自然""战天斗地""人定胜天""让自然低头"等等口号原则。这些观点与原则都将人与自然的关系看作敌对的、改造与被改造的、役使与被役使的关系。这种"人类中心主义"的理论以及在此影响下的实践，造成了生态环境受到严重破坏并直接威胁到人类生存的严重事实。正是面对这样的严重事实，许多有识之士在20世纪后半期才提出了生态哲学及与其相关的生态美学。生态哲学与生态美学完全摒弃了传统的"人类中心主义"观点，而主张人类与自然构成不可分割的生命体系，如奈斯的"深层生态学"理论与卢岑贝格的"人与自然构成系统整体"的思想。奈斯的"深层生态学"提出著名的"生态自我"的观点。这种"生态自我"是克服了狭义的"本我"的人、自然及他人的"普遍共生"，由此形成极富价值的"生命平等对话"的"生态智慧"，正好与当代"人在关系中存在"的"主体间性"理论相契合。卢岑贝格则提出，地球也是一个有机的生命体，是一个活跃的生命系统，人类只是巨大生命体的一部分。应该说，卢岑贝格的论述不仅依据生态学理论，而且依据系统整体观点。在他看来，地球上的动物、植物、岩石、土壤，它们所形成的生物链、光合作用、物质交换等等才使地球不同于其他处于死寂状态的星球。而人只是这个生命体系的一个组成部分。如果没有了其他的动物、植物，没有了大气层、水、岩石和土壤，人类也就不复存在。正是从这个颠扑不破的事实出发，卢岑贝格才指出："如果我们认识到这一点，那么我们就需要一个完全不同于现在的伦理观念。我们就不可以再无所顾忌地断言，一切都是为我们而存在的。我们人类只是一个巨大的生命体的一部分。""我们需要对生命恢复敬意。""我们必须重新思考和认识自己。"重新认识和思考就是对"人类中心主义"的摒弃，对人文主义精神的更新丰富。既然地球本身就是一个有机的生命体，人类只是这个生命体系的一个组成部分，那么"人类中心主义"就不能成立。人与地球、自然的关系不是敌对的、改造与被改造的、役使与被役使的关系，而是一个统一生命体中须臾不可分离的关系。因此，"人最高贵""控制自然""战天斗地""人定胜天""让自然低头"等等口号和原则就应重新审视取而代之的是既要尊重人同时也要尊重自然，人与自然是一种平等的亲和关系的观点。当然，这不是说自然不可改造，人类不要生产，而是要在改造自然的生产实践中遵循生态美学与生态哲学的平衡原则。这就涉及人文主义精神的充实更新。原有人文主义精神中所包含的对人权的尊重、对人类前途命运的关怀都应加以保留，但应将其扩大到同人类前途命运须臾难分的自然领域。同样，人类也应该尊重自然，关怀自然，爱护自然，保护自然。人类不仅应该关爱自己的精神家园，而且应该关爱自己的自然家园。因为自然家园是精神家园的物质基础。自然家园如果毁于一旦，精神家园也就不复存在。

第三，生态美学的提出实现了由实践美学向以实践为基础的存在论美学的转移。我国经过20世纪的两次美学大讨论，进一步确立了实践美学在我国美学理论中的主导地位。实践美学以马克思《1844年经济学哲学手稿》与《关于费尔巴哈的提纲》为指导，坚持在社会实践的基础上探索美的本质，提出美是"客观性与社会性统一"

的观点。应该说，这一美学理论在当时具有相当的科学性。但新时期以来，美学学科的迅速发展，特别是存在论美学的提出，显现出实践美学的诸多弊端。而生态美学的提出又更进一步丰富深化了存在论美学，进而促使我国美学学科由实践美学向存在论美学的转移。但我们说的这种转移不是对实践美学的完全抛弃，而是在实践美学基础之上的一种深化。也就是说，我们说的存在论美学是以社会实践为基础的。我们始终认为，社会实践特别是生产实践是审美活动发生的基础与前提条件。这是同西方当代存在论美学的根本区别之所在。但我们认为，审美是人类最重要的存在方式之一。这是一种诗意的、人与对象处于中和协调状态的存在方式。而这种审美的存在方式也符合了人与自然达到生态平衡的生态美学的原则。所谓生态美学实际上也就是人与自然达到中和协调的一种审美的存在观。因此，生态美学的提出，促进了由实践美学向实践基础上的存在论美学的转移。而我们觉得这种转移更能贴近审美的实际。从艺术的起源来看，无数考古资料已经证明，艺术并不完全起源于生产劳动，而常常同巫术祭祀等活动直接有关。例如甲骨文中的"舞"字，就表现出一个向天祭祀的人手拿两个牛尾在舞蹈朝拜。因此，归根结底，艺术起源于人类对自身与自然（天）中和协调的一种追求。而从审美本身来说，也不是一切"人化的自然"都美，更不是所有非人化的自然就一定不美。审美本身还是取决于人与对象处于一种中和协调的亲和的审美状态。实践美学历来难以准确解释自然美的问题。特别是对于原始的未经人类实践改造的自然，更是难以用"人化自然"的观点解释。而中和协调的存在论美学却对其很好解释。因为无论是经过人的实践，还是未经实践的自然，只要同人处于一种中和协调的亲和的审美状态，那么，这个"自然"就是美的。总之，美与不美，同人在当时是否与对象处于中和协调的存在状态密切相关。而美学所追求的也恰是人与对象处于一种中和协调的审美的存在状态。这就是审美的人生、诗意的存在，从生态美学的角度说，也就是人与自然平衡的"绿色的人生"。卢岑贝格正是从这种人与自然中和协调的存在论出发，把地球看作一个充满生机的生命，而包括人类在内的生命演化过程实际上是一曲宏大的交响乐，构成顺应自然的完整体系。他充满深情地借古希腊大地女神该亚的名字来称呼地球。该亚是古希腊神话中的大地女神，被认为是人类的祖先，在古希腊佩耳伽谟祭坛的浮雕中，该亚是一个美丽而丰满的母亲，下半身没入土中，左手抱着聚宝角，高举右手，为她的孩子祈福。无论从外在形象还是从内在品德，该亚都是无比美丽的形象。卢岑贝格把她称作"美丽迷人、生意盎然的该亚"。这就是他一再肯定英国化学家勒弗劳克（James Lovelock）所提出的著名"该亚定则"的原因。这既是一个生态学定则，也是一个美学定则。正如卢岑贝格所说，这是一种"美学意义上令人惊叹不已的观察与体悟"。在这里，我们把地球称作美丽迷人的该亚，就不是从具体的实践观出发，而是从人类与地球休戚与共的生命联系的存在论出发。

第四，生态美学的提出，进一步推动了美学研究的资源由西方话语中心到东西方平等对话的转变。我国的美学研究作为一个学科开展是近代的事情，以王国维、蔡元培为开端，主要借鉴西方理论资源，逐步形成西方话语中心。而我国古代美学与文艺思想的研究，也大多以西方理论范畴重新进行阐释。从1978年改革开放以来，我国学者提出了文艺美学学科问题，才逐步重视我国传统的美学资源的独立意义。而20世纪90年代以来，生态美学的提出更使我国传统哲学与美学资源发出新的光彩。众所周知，西方从古希腊罗马开始就倡导一种二元对立的哲学与美学思想。在这一哲学与美学思想中，主体与客体、感性与理性、人文与自然等方面始终处于对立状态。而我国古代，则始终倡导一种"天人合一"的哲学思想及在此基础上的"致中和"的美学观点。尽管儒家在"天人合一"中更强调"人"，而道家则更强调"天"，但天与人、感性与理性、自然与社会、主体与客体、科学主义与人文主义是融合为一体的。特别是道家的"道法自然"思想，认为自然之道是宇宙万物所应遵循的根本规律和原则，人类应遵守自然之道，决不为某种功利目的去破坏自然、毁灭自然。这里包含着极为丰富的自然无为、与自然协调的哲理。正如美国著名物理学家卡普拉所说，"道教提出了对生态智慧的最深刻、最精彩的一种表述"。这种"天人合一"的东方智慧正是当代存在论美学的重要思想资源。最近，季羡林先生指出："我曾在一些文章中，给中国古代哲学中'天人合一'这一著名的命题做了'新解'。天，我认为指的是大自然人，就是我们人类。人类最重要的任务是处理好人与大自然的关系，否则人类前途的发展就会遇到困难，甚至存在不下去。在天人的问题上，西方与东方迥乎不同。西方视大自然为敌人，要'征服自然'。东方则视大自然为亲属朋友，人要与自然'合'一，后者的思想基础就是综合的思维模式。而西方则处在对立面上。"海德格尔等则从中国"天人合一"思想中吸取了极其丰富的营养，充实自己的存在论哲学——美学。当然，我们这里所说的中国古代"天人合一"的哲学思想以及在此基础之上的"致中和"的美学思想是指先秦时代老子、庄子、孔子等著名思想家带有原创性的思想精华，并非指后世打上深深的封建乃至迷信烙印的所谓"天人感应""人副天数"理论。而且对这种原创的、素朴的"天人合一"与"致中和"思想也必须进行批判地改造，吸取其精华，剔除其糟粕，还要结合当代社会现实给予丰富充实，使之实现现代转型。但无论如何，生态美学的提出，使中国古代"天人合一"的哲学与美学资源显示出西方学者也予以认可的宝贵价值。这就将逐步改变美学研究中西方话语中心地位的现状，而使我国古代美学资源也成为平等的对话者之一，具有自己的地位。

在我国，生态美学的提出是20世纪90年代中期以后的事情，时间较短，研究尚未充分展开，在许多问题上认识尚待深入，也不可避免地存有分歧。当然，许多分歧是生态哲学和生态伦理学中存在的问题，但都和生态美学密切相关。这些问题的深入讨论必将推动生态美学的进一步发展。有些问题在上面的论述中已有所涉及，但为了便于研究，笔者将其加以归纳。

第一，有关生态美学的界定问题。首先就是生态美学能否构成一个独立学科的问题。构成一个学科要有独立的对象、研究内容、研究方法、研究目的及学科发展的趋势等五个基本要素。目前生态美学在这些方面尚不具备条件。因此，笔者认为，暂时可将其作为美学学科中一个新的十分重要的理论课题。另外，有的学者将生态美学的基本范畴归结为生态美，从而使其研究对象成为"人与大自然的生命和弦"。应该说这已涉及生态美学的基本内涵。但笔者认为尚不全面。因为生态美学不仅涉及人与自然关系的层面，而且还涉及人与社会以及人自身的层面。前者是表现，而后者是更深层的原因。因此，笔者将生态美学的对象确定为人与自然、社会及人自身动态平衡等多个层面。而其根本内涵是一种人与自然、社会达到动态平衡、和谐一致的处于生态审美状态的存在观。这也是从当代存在论的高度来界定生态美学，其内涵的特殊性就在于将生态的平衡原则以及与其有关的无污染原则、资源再生原则吸收到生态美学理论之中。

第二，有关生态美学所涉及的哲学与伦理学问题。这是当前讨论最多的问题。有的生态学家提出"生态精神""生物主动性""生态认识论""内在价值""生态智慧"等一系列论题，在美学方面，就涉及自然自身是否具有脱离人之外的美学价值问题。这都是在对"人类中心主义"的批判中提出的问题，涉及对哲学史上"泛灵论"与"自然的返魅"的重新评价。对这些问题的思考与探讨十分重要。笔者目前的看法是，"人类中心主义"的确不全面，有改进充实之必要。但基本的哲学立足点应该还是唯物实践论，在此前提下吸收生态哲学与生态美学有关理论内容，加以丰富发展。因此，目前笔者能够接受地球与自然是有生命的观点。当然，这种生命首先应包括人这个高级生命在内，构成一个有机的生命体系。而对于地球、自然生物是否有自身的"独立精神"与"内在价值"，到目前为止，笔者还没有接受。笔者认为，从唯物实践论的角度，自然界的"精神"与"价值"还是同人的社会实践活动密切相关，自然界的精神和价值虽然不能说是人所赋予的，但也应在实践过程中，从以人为主的。这样，自然就不是简单地处于被改造、被役使的位置，而是处于平等对话的位置。因为离开了自然，人的生命体系、精神体系、价值体系都将不复存在。同样，离开了人，特别是离开了人的社会实践，自然本身也不可能有其独立的"精神"与"价值"。总之，自然与人紧密相连，构成有机的生命体系。从审美的角度来看，自然的美学价值尽管不能完全用"人化的自然"这一理论观点来解释,但自然也只有在同人的动态平衡、中和协调的关系中才具有美学价值。自然自身并不具有离开人而独立存在的美学价值。至于"泛灵论",笔者觉得具有人类原始宗教的特性,当前人类已经迈入 21 世纪的信息时代,对"泛灵论"与"自然的返魅"的重新肯定,应该慎之又慎。

第三,关于生态美学与当代科技的关系问题。对于生态学、生态哲学与生态美学的研究必然涉及对当代科学技术评价的问题。毋庸讳言,世界范围内自然环境的大规模破坏同科技理性的泛滥、工具主义的盛行、科学技术的滥用不无关系,包括:无节制的工业发展对自然环境的破坏,农药对土壤的破坏与污染,工业烟尘和汽车尾气对大气的污染等等。凡此种种都直接威胁并破坏人的存在状态,使人处于"非审美化"。当然,还有科技所制造的杀伤性武器,更使人类饱受战争的灾害。但是否就可以将生态与科技相对立,走到排斥科技、排斥现代化的极端,从倡导"回归自然"走到倡导"回归古代",从倡导"绿色人生"走到排斥"科技人生"呢?笔者认为这是不可行的。因为科学同样是人类的伟大创造,是人类社会进步的重要力量。正是从这个角度上说,科学成果也属于人文的范围。应该说,科学本身是没有价值取向的,但作为科学运用的技术却有明显的价值取向。

第二节　生态学对室内设计的影响

一、生态设计的相关概念

(一)生态文化与可持续发展性

所谓生态,是指我们周围的环境,包括自然环境也包含人文环境。生态是指生物在目前其所在的自然环境下生存及其发展的状态,同样,生态也包含了生物在这种自然环境下的生理特性和生活习性,以及生物同自然环境之间的物质循环和能量的流动关系。

生态学目前被应用于多个学科领域,如生态建筑、生态食品、生态旅游等。其中,生态设计也是一个重要的分支。这些生态概念都是为了将自然的观念深入各个学科,保护我们赖以生存的地球,保护我们周围的居住环境。

人类的历史发展过程,同自然的关系巨大且密不可分。在人类发展的早期阶段,人类的生存繁衍与自然是融为一体的,人类仅仅利用了少量的自然资源。因为当时的能源形式主要为人力劳动输出。随着工业革命的出现以及后期的科学革命的产生,机器作为重要的劳动力，人们对于自然的占用不仅仅是物质资源，还体现在了自然中的能量资源。这些阶段人类都以人类文明作为核心的价值取向，一切以人类需求为出发点，因此违反了自然的发展规律，且没有节制的能源开采，使得自然生态的平衡遭到了破坏，人类也尝到了"自私"酿下的苦果。由于以上的原因，一种新的人类文化应运而生，这就是生态文化。生态文化随着人类环境意识的不断增强正在逐渐崛起，人们在现代科学技术的帮助下，运用生态学原理，进行一种新的人类科技形式，从而实现人类物质生产与人类物质生活的生态化。

生态文化并不是完全否定人类的早起文化，而是用生态的理念完善和补充其中的缺点，维持人类的可持续发展。

可持续发展理念是在 1980 年世界自然保护联盟（IUCN）、联合国环境规划署（UNEP）、野生动物基金会（WWF）共同发表的《世界自然保护大纲》中最初提出的。在人口数量的急剧增加、环境资源可用量不断减少的今天，可持续发展理念无疑是一个非常正确的理念。它是人类依赖环境继续生存的指导思想，成了人类发展的策略之一，同时也为今天乃至以后的空间设计提出了一个崭新的要求。

如何保证生态设计的可持续发展，就要从节约资源、节约能源、简约实用、科学等方面着手，避免当代室内设计的弊端，拒绝奢华浪费的观点，合理利用有效空间，同时在科学的设计下，优化设计方案，减少建筑装饰材料的使用，合理利用装饰成本，节约稀有的不可再生的自然资源，对室内的通风、采光采用自然结合的方式，多利用周围的环境资源。

（二）生态设计观

生态学最早是在 1869 年由德国生物学家赫柯尔提出来的，赫柯尔在 1886 年建立了生态学这门新兴学科，他把生态学解释为，有机体与周围外部世界的关系的全部科学。可见，生态学的覆盖面非常广泛，可以看作是研究生物与其所生存的环境之间的相互关系的学科。20 世纪 30 年代，现代建筑国际会议签订的《雅典宪章》强调了传统的建筑形式必须做出改革，要将设计同社会因素、环境因素相结合。20 世纪 50 年代，人类聚居学被希腊建筑师道萨迪亚斯提了出来。他指出，设计的基点是人类的生活环境，这个环境包括自然环境与社会环境。人类聚居学研究了人类居所与自然生态绿地的关系。

20 世纪 60 年代，生态学开始逐渐被应用于多个学科领域，如生态建筑、生态食品、生态旅游等。其中，生态设计也是一个重要的分支。这些生态概念都是为了将自然的观念深入各个学科，保护我们赖以生存的地球，保护我们周围的居住环境。

（三）室内环境设计中的生态文化

在当今的室内环境设计中，随处可见生态文化的影子，仔细归纳起来，有以下几个方面。

1. 从周围的生态环境中学习创造

自然赋予人类无穷的智慧，人类从诞生开始就从自然中学习如何生存，如何发展。如今，生态的室内设计仍然要从自然当中寻找灵感和创意，室内环境设计如果想成为真正的生态化，要领悟自然中的智慧。

生态工艺作为新兴的技术形式，它以环保自然作为宗旨，并不以经济利益作为第一生产目标。生态工艺的工艺路线不同于传统的生产单线的结构工艺，生态工艺采用循环式结构，具有消耗能源少、产出多、质量好、低污染的特点。例如，2010 年在纽约总督岛作为艺术场地的废牛奶箱绿色生活馆（图 3-1），是一种反向的绿色屋顶。设计者将这个装配艺术描述成是形态、布局、光和生活组合出的综合体。采用蒸散的原则，在生活馆表面悬挂耐荫植物来降低温度，以提供凉爽的室内环境。

图 3-1　废牛奶箱绿色生活馆

这项设计鼓励人们使用一个常见的和无处不在的物品以不寻常的方式去创作，如废牛奶箱作品，希望这个设计能诱使人们在日常生活里发现新的潜力。废牛奶箱绿色生活馆努力体现和传达一个"再利用、回收和重新创造"的理念。

2. 设计人类生活中的生态模式

绿色的生态模式要包括覆盖人类生活各种各样的绿色产品，这些产品要做到对人类的健康无害，对环境无害，即所谓的"绿色"。例如，绿色家具、绿色涂料、绿色汽车等。建立人们心中"回归自然"的良好观念，使得自然生态的设计风格更加符合人类审美观念，避免当代室内设计的弊端，拒绝奢华浪费的观点，合理利用有效空间。同时在科学的设计下，优化设计方案，减少建筑装饰材料的使用，合理利用装饰成本，节约稀有的不可再生的自然资源，对室内的通风、采光采用自然结合的方式，多利用周围的环境资源，促进生态建筑、生态室内设计的发展。

二、生态室内设计的起源与发展

（一）生态室内设计的起源

人类以人类文明作为核心的价值取向，一切以人类需求为出发点，因此违反了自然的发展规律，不断且没有节制地开采能源，使自然生态平衡遭到了破坏。1999年6月，国际建筑师协会举办的建筑大会通过了一项具有划时代意义的提案——《北京宪章》，这可以看作是21世纪建筑发展的纲领性文献。《北京宪章》中明确地提出：人类的生存之道在于人与自然的和谐共处，由此，生态设计成了设计界被广泛关注的热点。

（二）生态室内设计的发展

作为建筑设计的一个重要分支，生态室内设计考虑到生态绿色的概念，其一个发展方向就是对能源的节约、对物质资源的节约。如何做到节约设计，一个重要的手段就是与新技术的结合，利用新技术来设计，利用新技术带来的新材料设计，许多世界上的著名设计师都是通过新能源和新技术的手段创作出了令世界瞩目的作品。可以作为参考的新型能源有很多，例如技术已经相对成熟的太阳能、具有优质清洁的氢能、高效低成本的风能、具有争议但极具前景的核能、尚未被开发的海洋能源等等。生态室内设计必须将新技术新能源作为一个首要重视的手段来看待，例如，太阳能的兴起，如图3-2所示。

图3-2　太阳能房屋

传统的室内环境设计往往忽略所用材料的品质问题，造成了材料中的污染物严重威胁人类安全，由于室内设计是与人类日常生活息息相关的，因此人类的健康问题也必须是生态室内设计首要考虑的一个方面。

　　如今人们对于室内设计的健康要求也越来越高，包括住宅周围的绿地面积、房屋的采光日照时间等因素已经被考虑进去。生态室内设计不能只顾着室内面积的数字，而忽略噪声环境、通风采光、绿化等问题。设计中的人体工程学是一个重要的考虑因素之一，可见未来的生态室内设计中，人性的成分逐渐增加，对人类健康，包括心理健康和生理健康的关注会越来越多。例如，日月坛·微排大厦，如图3-3所示。

图3-3　日月坛·微排大厦

　　日月坛·微排大厦，总建筑面积达到7.5万平方米，集展示、科研、办公、会议、培训、宾馆等功能于一身，采用全球首创太阳能热水供应、采暖、制冷、光伏发电等与建筑结合技术，是目前世界上最大的集太阳能光热、光伏、建筑节能于一体的高层公共建筑。日月坛·微排大厦全球首创性地实现了太阳能热水供应、采暖、制冷、光伏发电等与建筑结合技术，节能效率高达88%，远远高于国家公共建筑节能50%的设计标准；每年可节约标准煤2 640吨、节电660万度，减少污染物排放8 672.4吨。日月坛·微排大厦作为2010年第四届世界太阳城大会的主会场，它把太阳能综合利用技术与建筑节能技术相结合，不但完善了太阳能应用技术标准体系、研发了一批具有自主知识产权的太阳能系列产品，还为太阳能规模化推广应用提供了宝贵的技术支持，整体突破了普通建筑常规能源消耗巨大的瓶颈，综合应用了多项太阳能新技术，如吊顶辐射采暖制冷、光伏发电、光电遮阳、游泳池节水、雨水收集、中水处理系统、滞水层跨季节蓄能等技术，使多项节能技术发挥应用到极致。

　　在未来的生态室内设计上，设计师及普通消费者会更加关注生态审美，避免当代室内设计的弊端，拒绝奢华浪费的观点，合理利用有效空间。在科学的设计下，设计师会优化设计方案，减少建筑装饰材料的使用，合理利用装饰成本，节约稀有的不可再生的自然资源，对室内的通风、采光采用与自然相结合的方式，多利用周围的环境资源，促进生态建筑、生态室内设计的发展；同时更加强调人们生活中的精神追求，而这种追求会在生态设计中有所体现。设计可以看出节约环保的意识，形成了良性的循环系统，在低消耗、当地取材的特点下，追求风格的多变性，甚至让消费者参与到设计中，可以依据自己的喜好，随时改变室内的风格。

三、生态室内设计的目标

室内设计的绿色化、生态化已经成为室内设计的必然趋势。生态室内设计涉及的学科非常广泛，包括科学、艺术、生活等方面，是一个多学科的综合产物。通过生态室内设计，可以呈现给人们一个舒适的生活环境。即材料环保，符合人体科学，形式上与自然相协调，多采用先进的绿色科技。生态室内设计融合了在物质层面上的塑造和在精神层面上的艺术追求，可以说生态室内设计是室内设计的最高目标，可持续发展的未来方向。

在当今社会，环保意识逐渐增强，在人们的意识中，人类的各项活动不仅要利用自然资源创造价值，还要尊重自然、保护自然，因为自然是人类赖以生存的家园。在这样的大环境下，绿色生态室内设计也是室内设计的要求，它可以全方位地体现绿色环保的思想，高度体现了室内设计的新要求，即室内设计的可持续发展特性。

生态室内设计无疑是一个相对较为复杂的多学科融合的研究领域，它不仅是设计师就室内设计做出的解决方案，还要求设计师综合其他技术，如新材料、IT科技等技术共同创作的过程。设计师必须要以环保、可持续发展、完整的生态循环作为设计目标。

四、生态室内设计的原则

生态室内设计要在科学的设计下，优化设计方案，减少建筑装饰材料的使用，合理利用装饰成本，节约稀有的不可再生的自然资源，对室内的通风、采光采用自然结合的方式，多利用周围的环境资源，促进生态建筑、生态室内设计的发展。生态室内设计的基本原则如表3-1所示。

表3-1　生态室内设计的原则

Revalue	评估设计的可持续发展
Renew	将旧建筑物重新改造，减少拆除再建的现象，减少材料、能源的利用
Reuse	配件、家具、装饰材料要具备可重复使用的特性
Recycle	设计中要从生态的意识出发，考虑可循环的设计效果，减少物质消耗
Reduce	减少能源消耗，设计出低损耗的装饰效果，减少人类活动对自然的破坏

（一）居住健康原则

人类日常活动大部分都是在室内进行的，因此，作为人类接触时间最长的环境设计，室内设计的生态化首要保证的标准就是人类的健康准则。其中，人类的健康可以包含两个方面的含义，其一是指人类的身体健康情况；其二是人类的心理健康情况。生态室内设计的最终设计效果是要为人类营造一个健康舒适、利于居住、利于生产活动的环境，人是设计产物的使用主体，因此生态室内设计一定要以人的基本要求为基础，而人类最基本的要求就是保证其健康，不仅是身体的健康，还包括心理的健康。

据调查数据显示，目前室内污染的主要来源就包含了装饰材料所释放的放射性污染，建筑材料包含的有毒污染物等，这些污染对人的健康危害是慢性的、持久的、不容易引起重视的。例如，建筑用料的砖块、水泥、涂料中会含有一定量的有毒物质，对人体具有一定的放射性作用，会成为人类致癌的原因之一；装饰材料中多含有挥发性的有毒化学物质，如化纤类地毯、家具使用的黏合类胶水、涂料、燃料、油漆等都会释放大量的甲醛、甲苯等有毒物质，由于含量巨大又具有挥发性，同样会对人类有致癌的风险。

因此，生态室内设计要求在设计中使用的材料是环保的，对人体无害的，同时对于室内设计的采光强度、光照时间、室内空气标准、空气循环体系、室内温度、室内的湿度等方面都有着很高的要求。而且，室内设计呈现的设计效果，要给人以适宜居住的感受，营造良好的环境，对使用者的心理状态进行积极地调整，要求生态室内设计要符合人类的审美和愉悦舒适的设计体验。

目前，生态室内设计从环保的角度出发，要设计出一种绿色无污染、有利于人类身体和心理健康的室内环境，多采用室内绿化的方式，形成室内环境中人工建造的生态循环设施，不仅避免了大量使用装饰材料产生的有毒物质，还提高设计的整体生态性。同时，生态室内设计应多采用环保、绿色、安全、健康的绿色材料，例如石材、木材、丝绸、藤类等天然装饰材料。这些材料相比化学合成的装饰材料，具有无毒、环保、利于室内环境调节的优点。另外，生态室内设计还多采用新的工艺手段，对建筑材料中的有毒物质进行处理，减少其对人体健康的危害。建筑和装饰材料的绿色化、生态化、环保化将是未来发展的一个新方向。

（二）环境协调原则

从生态室内设计的空间特性角度出发，生态室内空间的创造必然会侵占一定的自然环境，破坏一定的自然资源。在设计过程中，设计师不仅要注重材料的使用性能和材料的价格成本，也要考虑材料本身的环境表现能力。加工材料多在设计中产生大量不可回收的废物垃圾，长此以往，大量的垃圾早已超出环境的负荷能力，自然不能通过生态系统消化这些废物和垃圾，对自然的危害极大，进而导致自然的生态失去平衡，影响人类的长期生存和发展。

在环境污染的数据中，建筑业造成的环境污染可以达到 30% 以上，而这 30% 的大部分又来源于室内设计中产生的垃圾废物。许多建筑和设计过程中的材料因无法循环利用被丢弃，这些污染的数量巨大，已经超出了自然负荷的水平。

因此，节约资源、保护环境、体现材料的原生态特点是生态室内设计的一个设计准则，设计中使用材料的限度要保证在自然可接受、可更新、可循环的限度之内，设计师要多利用可再生、可重复利用的材料，从而降低设计对自然的占用。生态室内设计追求的恰恰是在材料的可使用时间与自然生态环境可循环时间中的一个平衡状态。

（三）与自然相融合的审美原则

生态室内环境设计作为室内设计发展的大方向，其讲究的是人与自然的和谐共处，从审美角度来讲，体现了人与自然的完美结合。如何再设计风格中体现人与自然为一体的设计理念，需要当今的新型科学技术、新型材料、新型能源、新型制造工艺以及自然的设计风格配合完成。

人们对室内设计的追求已经不仅仅停留在居住舒适的程度，还包含了个人审美的诉求、精神追求的表达。人们对生态室内实际的要求是可以表达人们的文化诉求、审美意境的。由于生态文化的不断渗透，工业文明中人类已经不再单一的追求奢华、气派等浮夸的设计风格，正在逐渐恢复对自然的崇敬、对自然的向往、渴望与自然融合的心理观念。

生态室内设计的自然与人融合的审美体现在设计的各个细节上，例如采光方面多选择光线充足、光影变换较为丰富的设计效果，这样设计不仅可以使设计的空间得到了拓宽，还使得室内的设计与外部的自然环境可以有机地结合在一起；色彩运用方面也多采用自然色调，在装饰选择上多采用植物、生态景观、动态流水效果、巨石假山、花鸟鱼等自然"材料"。人的五感（视、听、嗅、触、味）方面都可以感受到设计中蕴含的自然理念，营造清新的自然风光感受，让人仿佛置身于大自然中。

目前生态室内设计在设计材料的使用上，不仅要求其本身要有低污染、可再利用、可循环的特点，而且人们还希望材料可以主动地净化室内环境。目前材料学科的研究进展，已经超越了被动地降低污染程度，设计材料还可以主动营造一个有利于人类居住的室内环境。这就需要设计师在综合分析周围的自然环境条件、人类的内在活动影响因素，充分考虑人与自然如何和谐共处的特点，将材料本身转化成有利于人与自然的因素。

（四）可持续发展的原则

生态室内设计的可持续发展性是生态室内设计区别于传统设计的根本所在，是生态室内设计的发展导向。可持续发展理念的最初提出，是在 1980 年世界自然保护联盟（IUCN）、联合国环境规划署（UNEP）、野生动物基金会（WWF）共同发表的《世界自然保护大纲》中。在人口数量的急剧增加、环境资源可用量不断减少的今天，可持续发展无疑是一个非常正确的理念。它是人类依赖环境继续生存的指导思想，成了人类发展的策略之一，同时也为今天乃至以后的空间设计提出了一个崭新的要求。

如何保证生态设计的可持续发展，就要从节约资源、节约能源、简约实用、科学等方面着手，避免当代室内设计的弊端，拒绝奢华浪费的观点，合理利用有效空间；同时，在科学的设计下，优化设计方案，减少建筑装饰材料的使用，合理利用装饰成本，节约稀有的不可再生的自然资源，对室内的通风、采光采用自然结合的方式，多利用周围的环境资源。

节约资源、节约能源是维持生态室内设计可持续发展性的一个最直接的手段，尤其是在不可再生的珍贵资源的利用方面。首先，在空间的利用方面，设计要尽量做到合理安排，杜绝奢侈豪华的设计风格，多采用多层复合结构的空间设计。在有限的空间内提供给人们多种使用需求的构造。其次，通过科学、优化的设计，减少室内设计中装饰的过多、冗余、繁复的现象，在满足室内设计的基本要求下，最大限度地减少用料、材料的使用，降低装修成本。在设计过程中，充分考虑材料的可重复利用的特性、家具的使用期限，选材也多选用环保、绿色、安全、健康的绿色材料，例如石材、木材、丝绸、藤类等天然装饰材料。这些材料相比化学合成的装饰材料，具有无毒、环保、利于室内环境调节的优点。最后，在采光、通风、噪音处理、能源使用方面，多使用自然资源。例如，利用自然采光营造空间拓宽的效果，通风考虑周围环境因素，利用太阳能设计洗浴、水加热等。

相比传统的室内设计，生态室内设计更加绿色、环保，而且其中的艺术成分更加突出，也强调了人们在设计中的参与性及大自然的存在感。

五、生态室内设计的内容

生态室内设计一般包含四个设计内容：室内空间的设计、室内装修设计、室内的物理环境设计和室内的陈设设计。

（1）室内空间的设计。室内空间设计是指调整好空间的比例尺度，与此同时，在空间的设计中包含了一种文化的创造，力求使创造的空间形象能够激发人们某种文化方面的联想，并且把继承与创新结合起来，充分考虑内部环境与外部环境的关系，创造可灵活划分的符合时代特点的空间。

（2）室内装修设计。室内装修设计是指在对空间围护体的界面，包括墙面、地板、天花的处理，以及对分隔空间的实体、半实体的处理中，不宜使用易燃和带有挥发性、对人体有害的材料。注意材料的色彩、质感的搭配等视觉因素对人的生理、心理产生的影响。

（3）室内的物理环境设计。室内的物理环境设计是指对室内气候、采暖、通风、照明等指标进行评价分析，运用人体工效学、环境心理学等边缘学科综合设计，使室内环境最大限度地满足人的生理、心理需要，维持局部生态平衡。随着科技的发展，将日新月异的科技成果成功地应用于现代室内设计中，使其符合可持续发展的原则。

（4）室内的陈设设计。室内的陈设设计是指在设计家具、装饰物、照明灯具等装饰陈设时，尽可能在设计中做到陈设的拆装灵活、组合方便，在设计中融入弹性设计的观念，使人们可以根据需要灵活选择、组合。

六、生态室内设计的特点

生态室内设计无疑是一个相对较为复杂的多学科融合的研究领域，它不仅是设计师就室内设计做出的解决方案，还要求设计师综合其他技术，如新材料、IT科技等技术共同创作的过程。生态室内设计不仅具有一般传统室内设计的特点，还有自己独有的生态性、可持续发展性等特点。

（1）整体性。生态室内设计不仅是一个独立的室内设计，还要兼顾周围的自然生态特点、室内环境与整体建筑环境的和谐性以及室内设计中多种设计元素的共处。因此，生态室内设计是一个整体的设计系统。室内环境设计是整体建筑环境的一部分，因此室内环境设计要与整体的建筑设计呈现一种局部与整体的感觉，不可以单独分裂地看待室内环境设计，二者的整体统一的设计是设计师不可忽略的一点；室内环境设计同整个自然环境之间也是一个有机的整体，这恰恰是生态室内设计要强调的一点；室内环境设计中各个组成元素也要在尺寸比例、色彩搭配、材料质感、风格一致方面做到整体一致性。

（2）生态性。按照生态学的原则，建筑与室内环境共同成为一个有机的生命体，建筑的外壳是生命体的皮肤，建筑的结构是支撑的骨骼，而室内所包容的一切则是生命体的内脏，建筑只有在这三者的协同作用下才能保持生机，健康成长。因此，必须坚持室内环境与建筑的一体化设计，同时充分考虑室内环境诸要素之间的协调关系以及室内环境对整个自然环境可能带来的负面影响。

（3）人为性。在生态室内环境设计中，人为因素非常重要，生态室内设计强调了以人为本的设计原则。因此，对人的关怀、人的基本需求都体现在生态室内设计中，而且其中的循环系统也包含了人的成分。人作为整个室内生态系统的组成部分，也提高了生态室内设计的可控性。

（4）动态性。生态室内设计不是一成不变的，它处于一个相对运动的状态，而且随着时代的发展，人们对室内设计的要求也不断提高。因此，为了满足生态室内设计可持续发展的特性，又要兼顾人文需求的不断变化，生态室内设计必须处于一个运动的状态，其中包括设计元素的动态性、设计需求的动态性。

（5）开放性。生态室内设计的最终目标是设计一个利于人类、利于自然的居住工作环境，那么生态室内设计必然凝结人类的智慧，保证生态室内设计的开放性，可以促进生态室内设计的快速发展，更加符合人文需求，更加贴近自然。

七、生态室内设计的价值

价值定义了主客体之间的实践关系，它取决于人类的意识层面的活动。因此，价值的表达是通过自我意识的方式展现出来的。生态室内设计中的价值体现，就是在室内设计中，保证了生态的平衡，确保了各个有机体，例如居住者、设计中的生态系统等可以在设计环境中有共同良好的生存发展。

生态室内设计的价值主要体现在人与自然的关系上，在人类发展的早期阶段，人类的生存繁衍与自然是融为一体的，人类仅仅利用了少量的自然资源，因为当时的能源形式主要为人力劳动输出。随着工业革命的出现以及后期的科学革命的产生，工业生产中，机器作为重要的劳动力，人们对自然的占用不仅仅是物质资源，还体现在了自然中的能量资源。这些阶段人类都以人类文明作为核心的价值取向，一切以人类需求为出发点，因此违反了自然的发展规律，不断且没有节制地能源开采，使得自然生态的平衡遭到了破坏。自20世纪60年代，生态保护的概念逐渐深入到各个学科去，促使人们保护我们赖以生存的地球，保护我们周围的居住环境。

生态室内设计的价值强调的是人的发展要尊重自然的规律，同自然和谐共处，关注环境，与环境相协调；同时，生态室内设计还要与社会经济、自然生态、环境保护结合在一起，共同发展，保证人类的自由、健康、可持续发展。

第三节　生态美学对室内设计的影响

一、生态美学的哲学基础

生态美学以当代生态存在论哲学为其理论基础。生态哲学主张自然界的有机性、整体性和综合性，生态美学从人与自然的共生关系来探询美的本质，以对生命系统良性循环的促进作用来考察美的价值。生态美学的哲学基础主要由以下四个方面组成。

（一）生态美并非某一事物的美，而是整个生态系统的美

生态哲学将世界看作是不可分割的有机的活的系统，部分无法脱离整体而独立的发挥作用，整体也必将受到部分的牵制和影响，并且部分和整体之间是相互决定、相互制约的关系。所以说事物所表现出的生态美不仅仅体现了这一事物的美并且体现了对整个生态系统的审美。某一事物的美和整个生态系统的美也是不可分割不能独立存在的。生态系统的范畴指的是人与自然所构成的生命体系以及支持该生命体系存在的物质环境和精神人文环境。生态美体现在生命从产生到消亡的整个过程中，以及人和自然、人和他人、人和自身这些多重关系的相互协调之中。

（二）人只是生态系统的一个环节而并非绝对的主体

近代西方哲学将世界分为主体人和客体的事物两个部分，强调了人的主体地位，也体现了人本主义精神，有利于对世界做客观的考察和分析，加强了研究结论的客观性。生态哲学对世界是没有主、客体之分的。人只是生态系统的一个环节而并非绝对的主体。在这个世界上，自然赋予人生存的环境，但自然的存在绝非以人的存在为前提，而人的存在也不能完全脱离自然环境。在生态美学中，主导审美标准的并非人而是使整个共生系统持续发展的客观规律。人不能过于夸大在审美活动中的主导作用，而是通过审美客体对整个生态系统的存在和运作有逐步加深的认识。

（三）生态美学是人的价值和自然的价值的统一

价值取向是人类进行一切思考与判断的前提，美是一种价值，审美尺度是评判价值工具。在生态美学中，生态美也是具有价值的，它体现出的价值并非是审美客体对人产生的价值，而是审美客体的价值对生命体系价值的协调程度，是人的价值和自然价值的统一。在整个生态系统中，任何一个环节所体现出来的价值都代表了它自身的价值以及对人的价值和自然价值的映射，同样人的价值也是通过外界事物的价值表现形式来体现。用一个简单的比喻来说明这个问题，正如人体内的细胞和整个人体，细

胞虽说只是整个人体中非常细小的一部分，然而每个细胞中都含有对整个人体的发展起决定性作用的基因，这基因就体现了整个人生命的发展规则和趋势，也是整个人体和部分相互统一协调的根本所在。

（四）生态美学是自然的人化和人的自然化的统一

在传统美学中，人对自然的审美是将自然人化的过程，也是实践美学的基本思想。生产实践是人类认识世界的有效途径，然而过度的生产实践又是破坏人类生存环境的原因。在生态美学中，审美过程是自然的人化和人的自然化的统一，这是由人的自然和社会双重属性所决定的。人类通过生产实践不断的认识世界形成人类社会而脱离了动物群体，这是人的社会属性的发展。在这个变化过程中，人对自身生命的操控能力不断增强，但人依旧是受自然的生命规律所操控。人的自然化指的是：人要正确地认识自身的自然属性，自身本质要同自然和整个生态系统的本质相一致，不能违背整个生态系统的存在规律。人的自然化是生态美学在传统美学基础上的创新和发展，是审美活动进化的表现，它拉近了审美对象与审美实质的距离，使人们的审美感受统一于和谐的生态体验之中。

作为人文科学的美学，必须从人的需要出发进行学科建构的分析。现代心理学已经由美国心理学家马斯洛对于人的需要做了科学的分析，他把人的需要大致分为7个层次：生理需要、安全需要、相属或爱的需要、尊重需要、认知需要、审美需要、自我实现需要。正是由于人有这些需要，现实才在人的生活中与人发生种种关系：实用关系（由于生理需要、安全需要、相属需要、尊重需要）、认知关系（由于认知需要）、审美关系（由于审美需要）、伦理关系（由于自我实现需要或伦理需要）。这些关系就要由不同的学科来进行研究：自然科学中的医学和生理学以及社会科学中的经济学主要研究人对现实的实用关系，哲学认识论、心理学的认知科学研究人对现实的认知关系，社会科学中的伦理学、政治学则研究人对现实的伦理关系，而人文科学中的文学、文艺学、美学研究人对现实的审美关系。

在这样的基础上，我们以前对美学主要从审美关系方面或维度来进行美学学科的建构，把美学的研究范围主要规定为三大方面或三大维度：审美主体研究、审美客体研究、审美创造研究。因而，美学就相应由美感论、美论、艺术论、技术美学、审美教育论等学科建构，而相对忽视了人对现实的审美关系中的"现实"的构成这个方面或维度。如果我们从人对现实的审美关系的"现实"构成的维度来看，那么我们就可以看到，这个"现实"主要包括三个方面或三个维度：人对自然的审美关系、人对他人（社会）的审美关系、人对自身的审美关系。这样一来，美学学科的建构就可以派生出一些新的美学分支学科：人体美学、服饰美学等；研究人对自身的审美关系；交际美学、伦理美学等；研究人对社会（他人）的审美关系：生态美学（专门研究人对自然的审美关系）。

由此我们就可以断言，以马克思主义实践唯物主义和实践观点作为基础和出发点的实践美学本来应该是理所当然包括生态美学等美学的分支学科的，但是，由于过去自然生态或自然环境问题没有引起我们的足够注意，所以诸如生态美学等一些美学分支学科就被遮蔽和忽视了。现在，随着全球化和现代化的历史进程，自然生态的问题日益凸现出来，成为直接影响人类生存和发展的重大问题。因此，对自然生态问题的研究就自然而然成为许多人文科学和社会科学以及哲学的重要研究课题。正是在这种世界潮流的推动下，美学界和美学家呼吁建构一门生态美学，当然就是非常及时的，也是对实践美学中不可或缺的一个潜隐的学科的解蔽和彰显。在这个意义上，我们说：生态美学是实践美学的不可或缺的维度。

因此，我们认为，在形而上的层面、最一般规律的层面、哲学层面进行研究的哲学美学就是以艺术为中心研究人对现实的审美关系的人文科学，而生态美学只能是这种哲学美学的一个维度，或者一个分支学科。那么，生态美学的哲学基础就应该与它所隶属的哲学美学及其哲学相一致。而这种哲学美学及其哲学应该具有形而上的、最一般规律的、全面的性质，具体来说就是应该包含有它的本体论、认识论、方法论、价值论的全部，尤其是应该有其本体论的哲学基础，而不应该仅仅是某一个方面的，尤其是不应该缺失本体论的维度。从这样的基本观点出发，我们认为，"主体间性"或者"主体间性哲学"不应该也不可能是生态美学的哲学基础，因为"主体间性"仅仅是现代主义和后现代主义哲学消解和反对主客二分思维方式的一个策略性的范畴，仅仅具有方法论的意义，完全不具有本体论、认识论、价值论的意义，所以"主体间性哲学"也是一个十分可疑的概念。

"主体间性"的概念来源于胡塞尔的现象学哲学，这是现象学哲学的重要概念。胡塞尔提出这一术语来克服现象学还原后面临的唯我论倾向。在胡塞尔那里，"主体间性"指的是在自我和经验意识之间的本质结构中，自我同他人是联系在一起的，因此为我的世界不仅是为我个人的，也是为他人的，是我与他人共同构成的。胡塞尔指出："无论如何，在我之内，在我的先验地还原了的纯意识生命的限度内，我经验着的这个世界（包括他人）一按其经验意义，不是作为（例如）我私人的综合组成，而是作为不只是我自己的，作为实际上对每一个人都存在的，其对象对每一个人都可理解的、一个主体间的世界去加以经验。"胡塞尔认为，自我间先验的相互关系是我们认识对象世界的前提，构成世界的先验主体本身包括了他人的存在。在胡塞尔现象学中"主体间性"概念被用来标识多个先验自我或多个世间自我之间所具有的所有交互形式。任何一种交互的基础都在于一个由我的先验自我出发而形成的共体化，这个共体化的原形式是陌生经验，亦即对一个自身是第一性的自我、陌生者或他人的构造。陌生经验的构造过程经过先验单子的共体化而导向单子宇宙，经过其世界客体化而导向所有人的世界的构造，这个世界对胡塞尔来说是真正客观的世界。

由此可见，"主体间性"在胡塞尔的现象学中就是一个重要的策略性概念，为的是防止在进行了现象学还原以后所面对的事实的世界变成一个纯粹的唯我的意识世界，需要有一个先验的自我或世间的自我与他人的"共在体"或"共体化"，这样才可以构造出一个客观存在的"生活世界"。其实，这里所说的"主体间性"不过是一种掩耳盗铃的自欺欺人的哲学"狡计"，它根本无助于消弭胡塞尔的主观唯心主义的本体论性质。但是，用"主体间性"恰好可以消解启蒙主义以来的现代性哲学和美学的"主体—客体"二元对立的主体性哲学，让哲学和美学回到人的"生活世界"。这也就是我们多次说过的西方美学的发展大趋势：自然本体论美学（公元前5世纪—公元16世纪），认识论美学（16—19世纪），社会本体论美学（20世纪60年代以前的现代主义的精神本体论）和形式本体论美学（20世纪60年代以后的后现代主义语言本体论美学）。"主体间性"概念诞生于20世纪初现代主义的现象学哲学和美学中，用来消除主体与客体之间的对立和隔绝，让主体与主体之间的相互关系和相互作用来构造一个与人不可分离的生活世界，在现象学美学中构造出一个由作为主体的作家和作为主体的读者，甚至作为主体的作品之间的相互关系和相互作用的审美世界，从而排除那种离开审美意识经验的客体的存在。这些当然是有积极意义的。到了后现代主义的"语言学转向"以后，语言的"主体间性""对话""交往""沟通""交流"的性质特点，使得后现代主义的哲学家和美学家进一步地运用"主体间性"来消解"主体—客体"二元对立的主体性哲学和美学，用主体之间的相互关系和相互作用来取代和消融主体与客体之间的相互关系和相互作用。在哲学和社会理论中就是哈贝马斯的"交往理性的理论"，在美学中就是本体论的解释学美学（海德格尔、伽达默尔）、接受美学（姚斯）、读者反映理论（霍兰德、伊瑟尔）、解构主义美学（德里达、福柯）等。

关于这点，国内已经有不少的研究者做了一些概括。李文阁指出："现代哲学是根本反对二元对立的，现代哲学之所以解构二元对立，主张人与世界的统一，正是为说明在人的现实生活之外并不存在一个独立自存的，作为生活世界之本原、本质和归宿的理念世界或科学世界。"现代主义和后现代主义反对本质主义，主张生成思维，它具有许多特点，其中有一点就是"重关系而非实体"，它认为现实生活世界是一幅由种种关系和相互作用无穷无尽交织起来的画面，"其中的任何事物都不是孤立的，都处于与其他存在物的内在关系中：人是'大写的人'，是'共在人与自己的生活'。世界也是内在统一的，人在世中，而非居于世外。人无非就是社会关系的总和。"大卫·格里芬就曾指出："后现代的一个基本精神就是不把个体看作是一个具有各种属性的自足实体，而是认为'个体与其躯体的关系、与较广阔的自然环境的关系、与其家庭的关系、与文化的关系等等，都是个人身份的构成性的东西'。不仅人是关系，语言也是关系。单个词并不具有孤立的意义，语词的意义就是在与其他语词的关系中获得的。"曹卫东在评述哈贝马斯的交往理性理论时指出："为了克服现代性危机，哈贝马斯给出的方案是'交往理性'。而所谓'交往理性'，就是要让理性由'以主体为中心'，转变为'以主体间性为中心'，以便阻止独断性的'工具行为'继续主宰理性，而尽可能地使话语性的'交往行为'深入理性，最终实现理性的交往化。理性的交往化应当以'普通语用学'为前提，在'一个理想的语言环境'中，从分化到重组。"哈贝马斯的"批判理论则把主客体问题转化成为主体间性问题，不但在主客体之间建立了协同关系，更要在主体之间建立话语关系"。"哈贝马斯把'真理'的获得不是放到主体与客体之间，而是放到主体与主体之间。所依靠的不是'认知'，而是'话语'。"沈语冰也说："事实上，胡塞尔后期转向重视研究生活世界的问题，维特根斯坦后期强调在生活形式中确定语词的意义和否定私人语言成立的可能性，这说明西方自笛卡尔以来的带有唯我论色彩主体主义的哲学路线发生了一种转机，从人在世界上的主体际的交互活动的角度来研究自我、意识、社会和文化成了新风尚。哈贝马斯提出，要想解决这个问题，唯一的出路就是转换思路，实现意识哲学向语言哲学、主体性哲学向主体际哲学的范式转换。"这些评述主要是以肯定"主体间性"概念及其积极作用为主的，当然也是有一定道理的，必须给予"主体间性"以合理性的地位。

然而，也有些学者对"主体间性"概念持批评态度，甚至非常激烈。俞吾金就持这种态度。他认为："诚然，我们也承认，在西方哲学的语境中，当代哲学家对近代西方哲学的核心观点'主客二分'的批判和超越自有它的合理之处。但一来他们提出的观念并不一定是新的，事实上，马克思早在150多年前就提出了'人的本质在其现实性上是一切社会关系的总和'的观念，而这一观念强调的也就是'主体间性'。二来他们的观念并不适合于当代中国社会这一特殊的语境。因为在西方大思想家们的视野中，'主体性'主要不是认识论意义上的概念，而首先是本体论意义上的概念，即道德实践主体和法权人格，而本体论意义上的主体性在当代中国社会中还根本没有被普遍地建立起来。尚未建立，何言'消解'？如果连这样的主体性也被消解了，或被融化在所谓'主体间性'中了，那么谁还需要对自己的行为承担道德责任和法律责任呢？须知，从时间在先的观点看来，主体间性总是以主体性的确立为前提的，没有主体性，何言主体间性？从逻辑在先的观点看来，主体间性则是主体性的前提，因为在人类社会中，我们绝对找不到一个孤立的、与社会完全绝缘的主体。在这个意义上，我们也可以说，'主体间性'完全是一个多余的概念。有哪一个主体性本质上不是主体间性呢？又有哪一个人在谈论主体性时实质上不在谈论主体间性呢？"任平说："古代理性指向大客体，近代理性指向单一主体，都是将理性封闭在单一'主体—客体'的模式中，这是造成理性意义的绝对化和僵化的根源。后现代哲学正是在这一意义上抛弃理性，用多元话语消解理性，以主体际关系与理性相对立。与此相反，交往实践的理性基点是一种新理性，其向度不是回归到古代哲学的客体理性话语，也不是导向近代单一主体中心理性，更不是步后现代哲学的非理性后尘，而是指向'主体—客体—主体'结构的交往理性。由于交往理性的关联，任何一方主体的理性，实际上都不过是多级主体交往理性的一部分。在交往理性的结构分析中，交往实践的机理才能够展示、出场。"这些论述应该说也是非常有道理的。

我们认为，美学是以艺术为中心研究人对现实的审美关系的人文科学，而生态美学则是以艺术为中心研究人对自然的审美关系的科学，生态美学应该是一般哲学美学的分支学科。所以，我们可以认同，美学和生态美学研究的哲学基础应该是 20 世纪以来所发展的"关系性哲学"，或者叫"间性哲学""交互性哲学"，也就是反对传统的形而上学的追问世界根源的实体性，而着眼于世界根源的"关系性""间性""交互性"，但是不能简单地把美学和生态美学的哲学基础归结为"主体间性哲学"。因为实际上，世界上的存在之间不仅仅具有"主体间性"，还有"主客体间性"，也有"客体间性"。我们研究人对自然的审美关系，不仅仅研究人与自然的"主体间性"，还有人与自然的"主客体间性"，还有人与自然的"客体间性"。只有在这些"关系"之中，才可能探讨清楚生态美学的规律性。此外，我们认为，人与自然的"主体间性"是一种意识的、想象的、艺术的结果。在现实中，实际上无生命的或者非人生命的自然界的存在是不可能成为真正哲学本体论意义上的"主体"的。按照现在通行的解释，"主体"作为哲学范畴应该是与"客体"相对的。"主体"指具有意识的人，是认识者和实践者。"主体"与"客体"是用以说明人的实践活动和认识活动的一对哲学范畴。主体是实践活动和认识活动的承担者，客体是主体实践活动和认识活动的对象。根据这些权威词典的词义解释，主体应该是有意识的、自觉的、主动的存在者，而现实中存在的任何与人相对的自然存在物都不可能是哲学范畴意义上的"主体"，而只可能在人的意识之中、想象之中、艺术作品之中成为"主体"。所以，笼统地、一般地说"主体间性"应该是生态美学的哲学基础就是不妥当的，不精确的，不完全的。而且，抽象地说，当代的"主体间性哲学"要代替传统的"主体性哲学"，也是没有现实的和历史根据的说法。实际上，传统的哲学也不完全是"主体性哲学"，当代的哲学也不完全是"主体间性哲学"，而是二者都有其存在的理由和价值，都应该在一定的范围和域限之内对美学和生态美学的研究发生作用，超过了它们的一定范围和域限就会产生荒谬的结论，真理向前超出半步就是荒谬。西方哲学所谓的"主体间性"概念，不论是胡塞尔的"主体间性"，还是海德格尔在胡塞尔的"主体间性"基础上所阐发的"共在"，或者是马丁·布伯的"我与你"，甚至是巴赫金的"对话"，哈贝马斯的交往理性的"主体间性"，都是有其特殊的语境和含义，也有其策略性、局限性、偏激性，必须对其进行甄别和批判借鉴。我们不能跟着西方现代主义和后现代主义的思路亦步亦趋，我们应该走自己的路，走全面、科学、系统、可持续发展的发展之路。

所以，我们认为，"主体间性"作为现代主义和后现代主义哲学和美学消解启蒙主义的现代性的主体—客体二元对立的主体性哲学的策略，是有其方法论上的合理性的。但是，如果看不到主体间性的片面和偏激，反而把它奉为神灵，那就只会使自己陷入后现代主义早已在其中挣扎的泥沼之中。

实际上，在人对自然的审美关系之中，"主体间性"概念并不具有本体论意义，因为在存在的本原和方式上，人对自然可以是主体，但是自然对人却不可能成为现实存在的主体，而只可能在人的审美想象、审美移情、审美意象等审美心理现象之中成为"主体"。所以，"主体间性"在人与自然之间不可能成为现实的存在本原和方式，而仅仅是一种意识的现象。那么，"主体间性"就不可能成为生态美学的本体论哲学基础。换句话说，我们不能把生态美学的哲学基础放置在非现实的存在及其本原和方式之上。那样的话，建立在"主体间性"的"哲学基础"之上的生态美学就不可能真正现实地解决当前人类所面临的生态环境的一系列问题，那么，这样的生态美学就只能是一种"玄学"，人与自然的平等、对话、交流都只能是一种"意向"，一种"愿望"，一种"设想"，根本就不可能付诸现实。

从认识论来看，"主体间性"对于生态美学也是不合适的。人的一切意识（认识）都是对一定对象的意识。然而，在人与自然之间，在人对自然的审美关系之中，人永远是意识的主体，自然永远是意识的客体，无论在什么情况下，自然都不可能成为意识的主体。就是在艺术作品之中自然物成了意识的主体，可以有认识、情感、意志，那也是拟人化的结果，也是想象的产物，并不是现实的意识主体。所以，认识论之中就必然有主体和客体之分，这也是为什么16—19世纪哲学完成了"认识论转向"以后就流行"主客二分的思维方式"的根本原因。

从价值论来看，"主体间性"更是不合适的。马克思说，价值是"表示物的对人有用或使人愉快等等的属性""实际上是表示物为人而存在"。马克思又说："随着同一商品和这种或那种不同的商品发生价值关系，也就产生它的种种不同的简单价值表现。""例如在荷马的著作中，一物的价值是通过一系列各种不同的物来表现的。"因此，可以说，马克思主义哲学认为"价值的一般本质在于：它是现实的人同满足其某种需要的客体的属性之间的一种关系。"根据以上所述，我们可以说，马克思主义的价值论是一种实践价值论。首先，实践价值论认为，任何事物价值的根源都是社会实践。正是在人类的社会实践之中，由于人的需要使得人与现实事物发生了各种关系，才生成出了事物的某种价值。这就是价值的实践生成性。其次，实践价值论认为，价值的本质是一种关系属性，而不是一种实体属性。正是在人类的社会实践之中，对象事物的某些性质和状态满足了人的某种需要就使得对象事物与人发生了某种肯定性的关系，从而具有了肯定性的价值。

二、中国传统哲学中的生态美学思想概述

在我国博大精深的传统哲学思想中，万物之理皆在"天、地、人"三者之中。"原天地之美，而达万物之理"是中国传统哲学中的生态美学思想的核心内容。中国古代智者认为只有"有无相生，主客相容，虚实相交"，才能在人生体验的动人境界中体现作为美的本质的"道"。"善待万物，尊重万物"的自然本性是传统哲学中审美活动的基本行为规范，要求人以审美的高度来关照整个生态系统，在丰富多彩的生产劳动中探索人类的丰富性。我国传统哲学主张在阴阳交变、四时更替等自然常情中悟道，主张在鱼浮于水、鸟栖于树这样的自然本性中获境；于人于物没有一丝一毫的强行划定，任人任物以单纯的心境来感受，美的境界全在万物运行的常情中自然敞显。这样一种观念，从深层上揭示了宇宙、人类存在的真谛。以易、儒、道、释、禅等传统哲学学派为代表的古典哲学中蕴含着丰富的生态美学思想，这些思想构成了当代生态美学体系的核心内容，引起了对传统哲学的追溯和反思。这些思想观念所衍生出的新艺术创作和表现形式将成为艺术界新的主流文化。

（一）传统哲学中生态思想的起源

《周易》成书于周朝，距今有三千多年的历史，是我国历史上最重要、最完整、最系统的著作之一，它体现了中华民族在认识世界的初始阶段所表现出的宽阔胸襟和伟大智慧。它体现了古人对天文、地理和人文的仔细观察和深刻思考，并从中体会人与天地之间和谐共生的关系，构建了"天人合一"的初期形态。《周易》主要以卦、爻辞表现出来，除了预卜凶吉的原始意义之外，其中更深刻的意义是把人与自然统一

起来去寻求生命的意义和规律。生命源于自然并且不能脱离自然而单独存在，生命和自然处于相互感应、相互作用的关系之中，是一个融会交流的有机整体，这便是朴素生态思想的成形。其中，《周易》将生命作为天地间最伟大的品质加以赞颂，并将其表现为天、地、人和社会，它不仅是一部"生命之书"，更是一部"生态之书"。"生生之谓易"中"生生"二字表现了"生"的多重含意：它既可以是动态的生命表现，也可以是今天的生物体和生命存在；既可以是产生生命的生产过程，也可以是交替生息连绵不绝的生命之流。《周易》中自然万物皆是阴阳二气化成，不存在主体和客体之分。山川流水、日月风雨皆有生命，这是古人生态观的集中体现。

"变"和"通"是《周易》中另一个重要的生态美学思想。"变"与"通"一方面内在地表现在《周易》（尤其是《易经》）每一卦的六爻以及六十四卦之间的周流不止、变动不安的规律中；另一方面又外在地表现在《周易》（尤其是《易传》）对这种内在变动规律表述中。《周易》中的"变通"观念向我们揭示了基于"生生之本"的生态系统的基本属性，同样也揭示了其生态美学的基本特点。有了变化生态系统的持续发展才有了基础和可能，即使单个生命个体的发展规律也是整个生命体系的发展规律。个体生命都有其死亡的那一刻，但是作为众多物种的有机整体，作为生命有机融合的集团，生态圈却能够循环不息，发展不止。它有着自身独有的节律，这种节律感使得众多生物同周围的有机和无机环境融为一体，原有的在局部和阶段上的局限性就被突破和超越了，这种超越不是数量上的简单增加，而是整体意义上的发展和繁荣。

《周易》中也充分表现了"合"的思想，"与天地合""与日月合""与四时合"充分表明了人与天、地、自然合成一体的思想。这种"合"有两个方面的含义：一个是充分发展的人，一个是充分发展的自然。故而，这里的"合"就不是一般现实意义上的结合，这是一种基于发展，面向未来，指向繁荣的共生的全面之"合"。综合而言，《周易》中的生态美学思想主要集中在"生""变""通""合"这四个字上，其后的传统哲学思想的发展也传承和发展了这些主要生态思想内容。

（二）道家的"道法自然"生态美学思想

道家的思想是一种自然主意的思想，其最高范畴和核心思想就是"道"。"道"不仅生成天地万物，而且还决定了天地万物的存在和发展。"道"生万物的过程是有其自身矛盾而不断推进生命运动的过程。道家的思想认为，体"道"的过程就是审美的过程。老子对"道"的阐述以及庄子继承老子的朴素自然主义思想，都钟情大自然，视自然为真善美的源泉，在自然中寻求自由和精神寄托，以实现和自然的心领神会和情感沟通，这也是传统哲学中对审美的最高境界的阐述。

道家的哲学思想是中国美学的起源。它体现了审美客体、审美关照、艺术创作和艺术生命的一系列思想体系，也是中国美学平淡朴素的审美观点的发源，为后来的美学创作提供了依照和参考的根据。

以老子"道"为开端的生态自然思想，奠定了《道德经》中的生态美学的基础，同时对中国传统美学精神和传统美学的形成起到了决定性的作用。"道法自然"形成了"生态之道美"的自然义审美意蕴，并从"道"出发，为实现生态自然美推出了生生不息、生趣盎然的生态系统。道家生态美思想的本源是"自然美"。老子主张自然无为、真朴淡然的生态美思想表现在自然观上，就是顺其自然、纯真素朴、淡然若无，并将其作为审美艺术的最高审美标准。道家的生态审美观以超功利的审美体验来理解自然万物，将自然界看作是美感的最终来源，从而实现人与生态自然的和谐统一，以老子为代表的道家思想倾向于自然化、生态化，从生态系统的角度界定了美的本质。

（三）儒家的"仁爱"及"天人合一"思想

儒家的思想核心是"礼"和"仁"。孔子一生都以"礼"为规范，以"仁"为最高追求。在儒家的思想中，对待万物都应以友善爱护的态度，天地万物是人赖以生存的基础，不能任意破坏和消耗这些物质资源。"仁者爱人""伐一木，杀一兽，不以其时，非孝也"这些孔子的思想观点都体现了他将对自然环境的态度提升到道德品质要求上来。儒家提倡"中庸之道"、讲平等、重关爱，世间万物要"各正性命""各能自尽""无相争夺"。这些思想深刻影响到中华民族的为人处事态度和对待自然的态度。儒家是对构建传统哲学核心"天人合一"思想贡献最大的学派，它继承和发展了道家、墨家的自然观和社会观，在社会伦理和社会政治方面提供了理论依据和执行规范。"和"是儒家思想的核心内容，体现的是以整体为美，将天地、艺术、道德看作一个有机整体，并且以丰富性和多样性来表现这样一个整体。儒家强调美学的重要性以及美学欣赏对人的发展和社会进步的积极作用，是人性化设计思想的起源。儒家的思想体现了一种对人的关注，承认人思想的重要性和不同道德观念下人的个体差异，以及由这种差异所引起的审美差异，这为后来的多样化艺术形式奠定了基础。

（四）释家、禅宗的"清、静、超脱"的审美情趣

释家和禅宗的审美观是传统生态审美的集中体现，它是建立在人与自然共生一体的基础上对人生的透彻领悟。禅宗反对主客对立，主张"无我""无物"，追求"物我合一""神灵合一"的至高精神境界。"空""悟""静"是释家、禅宗美学思想的要点。禅宗讲究"本心清静""物我两忘"，主张用一种"清""静"的审美情趣去体会人生、体会自然、体会世界。

禅宗的审美哲学实际上是一种追求生命自由的生命美学。佛学强调以无物之心观色空之相，佛学大师慧远说："心本明于三观，都睹玄路之可游，然后练神达思，水净六府，洗心净慧，拟迹圣门。"富含中国韵味的佛家宗派禅宗对中国艺术影响深远，禅是止观的意思，它是一种体验，无论是南顿北渐，都强调宁静的心灵参悟。禅是动中的极静，又是静中的极动，寂而常照，照而常寂，动静不二，直探内在生命之要义。禅宗的审美思想直接引导了讲究韵味和灵性的传统审美情趣，中国美学传统中最为核心的范畴——境界也正是因此而诞生。这个心造的境界以极其精致、细腻、丰富、空灵的精神体验重新塑造了中国人的审美经验。中国传统哲学中所包含的生态美学思想是我国民族特征和文化特征的根源所在，传统哲学中的生态审美智慧构建了具有民族特色的传统审美风格，也引导了传统艺术形式的丰富性和多样性。中国传统的造物哲学和艺术表现形式也无不体现出传统哲学中对人、生命和世界的认识和态度。深刻理解中国传统哲学中的生态美学思想是研究和发展中国传统艺术和现代本土化设计的必要前提，在产品设计中运用传统的生态审美思想是提升产品的生态意义和民族审美价值的有效途径。

三、生态美学的设计哲学

我国传统造物文化中的生态美学思想展现出了多样化的表现形式。传统的艺术作品和器物从审美实质上体现了古人对人、自然和世界的认识和体会。相对于现代的产品设计理念来说，传统的造物哲学思想是相当严谨的。与其说传统的艺术形式是对世界的认识和创造，不如说是对创作者的人生观、世界观、认识观和审美观的阐述。从距今 5000 ~ 7000 年历史的仰韶文化对自然界的崇拜，将对自然的表述和人类的创造力结合于彩陶的造型和纹样之中，到近代工艺美术对人类的生活和自然形态的精确和传神的描述以及高超的表现技术手段，都体现出我国民族性和历史性的审美观念和情趣，那就是对生命的思考和对自然的关照。

"美学"不仅仅指"美"的表现形式和"审美"行为，还包括人类对有形或无形、抽象或具象、意识或形态的感知。它所体现的是一种人和外界环境所体现出的调和状态，是一种审美行为的规律和原则。中国传统美学是传统哲学在审美和创造美中的体现，文学、艺术、设计、制造、自然科学等是美学的表现形式，其中的精髓仍然是传统哲学中所体现的朴素的人生观、世界观和认识观。"技术美学"虽说是一个在现代产生的美学概念，它主要指物质生产和器物文化在美学问题上的应用研究。但是，在传统艺术和造物文化中也广泛体现了技术美学作为应用美学的整体范畴的发展和逐渐形成的民族文化特色。传统的技术美学主要体现在人们在各种创作行为中所表现出的审美原则和尺度，统一于传统哲学和美学思想观念之中。经过认识规律的总结和沉淀形成具有民族性的审美观念，再经过人类创造性活动将人类的情感和审美态度加入到特定历史阶段的认识形态之中，则形成了丰富多彩的传统造物文化。

"设计"是文化艺术和科学技术的结合物，要求源于自然、融于自然，以追求人与自然的和睦共处，从而达到自然界生态平衡和艺术需求的心理平衡。中国造物文化最典型的特征便是对艺术作品人文意义的关注，即其社会属性的发掘，而这种人文主义的精髓也在现代艺术设计文化中慢慢渗透发展并形成一个体系。这个体系蕴藏了中国文化的传统精髓。本书试从设计审美的角度出发，从这个大的体系中摘取最有代表性的几个命题，进行归纳论证。

（一）仁爱：造物人情观

《孟子·离娄下》："君子所以异于人者，以其存心也。君子以仁存心，以礼存心。仁者爱人，有礼者敬人。爱人者，人恒爱之；敬人者，人恒敬之。""仁者爱人"，就是去爱别人、帮助别人、体恤别人。"仁爱"的哲学思想在儒家上升到极致，在中国几千年的历史当中对政治、经济、文化等各个方面都有着潜在的巨大影响力。这种"仁爱为本"的思想在传统的造物文化中有着广泛的体现，在传统造物文化中，这种理念往往会借助事物的外形、体态、色彩和图饰等喻示某种人生理想或伦理观念。中国传统陶瓷器物中瓶罐的喙、瓶颈、瓶肩、瓶腹、瓶底等部件恰好对应于人体结构的不同部位，部件名称也较形象地借助于人体结构名称，形成了上下呼应、作用对称、形体连贯的造型美学形态。器物造型由此充分体现了对人的关怀，从中不难窥见"仁爱"的理念对传统造物文化的深刻影响。

以人为本的设计理念亦起源于儒家的"仁爱"审美情怀。在现代艺术设计中，人们可以处处体会到"仁爱"理念对现代造物观的巨大影响。例如在现代产品设计中，设计师在认真考虑产品功能性质的同时，会充分考虑这种产品的功能是否符合人类社会和谐发展的要求，考虑如何通过强化产品的功能和特性传达对人们生活的关怀。同时希望将积极向上的生活方式和健康乐观的情感通过产品传递给产品使用者，给人一种乐观向上的感受，达到传统造物文化中的和谐，即人、物、环境三者之间的和谐。这样，将"仁爱"的造物哲学融入现代建筑设计中，引导设计师更加注重内外部环境的交融和对外部已有环境的合理利用；将人类的生活环境合理地融入自然的有机体中，抛弃了盲目追求高大和外观好看的潮流，而更注重对人类心灵的关怀，增加人与自然的和谐沟通。例如，中国美术学院象山校区，就是将"仁爱"这一生态造物理念表现得淋漓尽致的现代艺术典范。设计师在设计时充分考虑受众，把对受众的关爱作为整个建筑设计核心目标。这里完全有别于大众眼中的校园，没有高楼大厦，没有水泥大马路，取而代之的是精致诗意的中国传统园林、具有独特空间语言的淳朴田园，利用已有的山水对整个建筑群进行合理布局。整个园区由一个个场所处处小山小水构成，这里房子和山水就像是人和人之间互相对话、互相呼吸、互相唱和，让人更加安静平和，同时让人们在潜移默化中感受到传统建筑文化与现代文化的交融，让人们体会到一种不平常的人文精神。

（二）气韵：形态的审美要素

中国最早的关于"气"的阐述出现于西周时期，幽王二年（公元前780年）发生了地震，伯阳父从气的角度来阐述地震产生的原因。春秋时，将气与五行结合，气论变得更加多样性。战国时，各种气论随之而出，孟子首先提出"浩然之气"说。之后北宋的朱熹又将"气"与造物说相联系，指出："天地之间，有理有气。理也者，形而上之道也，生物之本也；气也者，形而下之器也，生物之具也。"中国美学理论也有对气之审美的各种阐述，譬如"养气"（孟子、庄子）、"气韵"（谢赫）、"神气"（方东树）、"骨气"（刘熙载）等。徐复观说过，若就文学艺术而言，气则指的是一个人的生理的综合作用所及于作品上的影响，凡是一切形上性的观念，在此等地方是完全用不上的。一个人的观念、感情、想象力，必须通过他的气而始能表现于其作品之上。同样的观念，因为创作者气的不同，则由表现所形成的形象也因之而异。支配气的是观念、感情、想象力。被气装载上去，以倾卸于文学艺术所用的媒材的时候，气便成为有力塑造者。所以，一个人的个性以及由个性所形成的艺术性，都是由气所决定的。

传统的造物哲学将人与天地万物的感应、沟通、影响都归结于"气"。通过"气"，人与自然才会有交融，才会产生来自本源的亲近感，这正是"万物同源"的思想。"气"本身也有阴阳、刚柔、清浊之分，表现流畅协调的为"韵"，表现对比冲突的为"动"。古代哲人设计了"气"的象征符号——阴阳太极图，这一神秘符号中蕴含着无穷的生态哲理，其中蕴含的气韵表现尤为突出。中国明代家具和宋瓷是最具代表性、艺术成就最高的两种造物形象，它们不单单在外形上登峰造极，两者所蕴含的独特气韵，以及处世风骨和自尊自爱的哲学思想对现代艺术文化也有着极大影响。中国绘画也是典型的"气韵"艺术，即画面的感觉绝不是由眼所感觉的，而让人感到恰是从自己胸中迸发一样。由此可见，"气韵"内在所能带来的经久不息的咀嚼与反响便成为中国的美学范畴和审美趣味。

纵观中国传统工艺美术作品，其中对造型中"气韵"的表现形式是丰富多样的。通过对自然界生命万物内在形态的观察和感悟，以及对产生生命形式的事物本源进行思考，将这些体会和感受用多样化的形式表现出来，更加注重作品的意蕴，注重作品的精神内涵，把这种观点体现到现代艺术设计中可诠释为"以意制形，以形取意"。2008 年奥运会的宣传画就将书法的表现形式融入其中，用具有中国特色的太极拳人物形象与代表奥运的五色环结合构图，寻找传统艺术中书法和太极拳的共同点，将传统文化精髓的内在神韵表现出来，画面中太极拳的意蕴与书法的气韵，巧妙而直观地传递出设计者的意旨——中国的奥运，画面气势磅礴，犹如一股有力的动态气流涌出画面，让受众感受到中国这一东方古国的神秘威严。

（三）自然：理智的审美态度

老子在《道德经》中说："人法地，地法天，天法道，道法自然。"他认为，"道"是宇宙万物之源。他从"道"的高度来观察一切事物，意为道化生万物，皆自然无为而生。他认为，"自然"就是事物自身应用的规律及事物自身的本质特征，是自然而然、绝没有人为的主观因素与干预。道家强调造物应顺应自然，率真随性，以"无为""虚静"为美。造物者应从其中体会自然的造物之道，保持平静豁达和释然的心态，如此才能创作出优秀作品。

在道家崇尚自然的审美意识关照下，木材往往成为造物的基本元素，木材的生命特质与人的生命内在有着潜在的相同性，择木似乎暗喻着宇宙天地生生不息的生命轨迹。这种选择正符合了中国传统造物文化中顺应自然的无为原则，而这种观念又与中华民族天人合一的文化精神相契合。由于木材在自然中形成的"朴素自然"审美特性得到造物者普遍认可，因此在中国传统物件中木材的应用得到了充分展现。在中国古代家具中，木材的选用以及"榫卯"造物技术是最能够体现道家的自然造物原则的，在中国古代家具中，通常看不到一钉一铁，所有部件都是利用对木料结构的巧妙处理，通过阴阳互抱的关系来完成固定和连接，这就是"榫卯"。其造物技术以及选材恰好符合了道家的"道生一，一生二，二生三，三生万物，万物负阴抱阳"的道化生万物的造物原则。

对于现代艺术设计来说，同样可以用这种"朴素自然"的方式来呈现作品的美学价值，将材料的原生态美融汇于设计、形式以及结构安排之中。宁波博物馆可以说是自然材料与废旧材料再造的成功案例之一。此作品最令人叹服的就是对废旧资源的回收再利用，宁波老城改造拆下的旧砖旧瓦经过设计在作品中重新焕发生机。旧砖瓦和混凝土结合形成的古老而又新颖的"瓦片墙"成为博物馆的外墙。在"瓦片墙"上，设计师又运用江南本地特有资源——毛竹和现代混凝土结合形成特殊的土墙，自然材质和现代材料的创新组合在博物馆墙体上呈现出独特的肌理效果，材料散发出来的色彩和质感与自然环境融为一体，让人们通过材质感受到历史沉积和时代的变迁，而对废旧材料的再利用又充分体现了节约资源，循环再造的中国传统生态美学的原本为无生命的物质赋予了新的生命和使命，全新的创造成为自然表现的极致。此例就是造物材料取自于自然，回归于自然，发挥其最大使用效益的最佳证明。此外，我们还可以看到很多现代产品拥有着时尚的外观却采用着最自然的材料，比如威廉•莫里斯工厂生产的椅子、新艺术风格的台灯等都大量采用自然植物，这种师法自然的造物方式赋予了产品新的生命。在创造及使用过程中，挖掘原有材料的特殊属性，进行创造性的开发利用，使材料美学价值得到最大程度的体现。

（四）和合：整体的审美感受

"和合"观念，较早见于《国语•郑语》中的"商契能和合五教，以保于百姓者也。"古人认为，"和合"是修养道德的目标和对于这种目标的追求。"和合"是将不同的事物在已有矛盾和差异的前提下，把彼此统一于一个相互依赖的"和合"整体中，并在不同事物"和合"的过程中，吸取各个事物的优点，使之达到最佳组合。将自然、人、艺术、道德等融为一个有机整体，并以"和合"的方式融入艺术创作是中国的古代艺术家始终追求的目标。在中国造物文化中，汉代的漆器可以说是最具代表性的"和合"之美的典范。《盐铁论•散不足》说："一杯用百人之力，一屏风就万人之功。"由此可见，汉代漆器器物造型、制作工艺、装饰等都首屈一指。汉漆器的实用性和美观性结合、艺术和道德结合，都成为其标志性的特征。其中，以内装七只耳杯的"漆耳杯套盒"最为著名，其充分利用空间，器物套合严密，制作精美，功能多样化，同时器物上书写封爵或姓氏，以显示拥有者的地位和尊贵，可见汉代漆器的"和合"之美正是将丰富多彩的美和各种形式的美统一在自然物件之中，注重各元素相互协调，使其融于产品优美的形态和精巧的加工工艺之中，并将精神内涵融入其中。

中国文化中，"和合"之美是贯穿始终的文化精髓。这一美学理念已经在现代艺术设计文化中成熟地发挥作用，自然、人、社会中的各种元素在相互冲突、相互融合的过程中组合形成新的事物、新的生命、新的艺术形式，体现着对立面的结合和吸引。比如将"和合"的造物精神引入现代产品设计中，产品就已不是只有形的物体，还包括在整个使用过程中使用者的体验和感受，以及产品使用过程中技术美、形式美和体验美的结合。将产品的外形、产品的功能、产品的情感传递给消费者，产品与消费者之间的互动及交流、结合才是整个产品的设计目标。比如"floating mug"漂浮的杯子，杯子外形设计是将水果架和杯垫、杯子等几个事物结合，通过设计师精心的设计，杯子不光具有独特的外形，同时还解决了杯底会烫坏桌面的问题。杯子远看仿佛是漂浮于空气之中，杯把和杯身相连形成优美的线条，陶瓷光滑的质感又进一步美化了器物的形态，给人一种奇特的视觉感受。此刻，作品中的各元素以动态的平衡代替了静态的统一，各个细节、元素相互结合、相互影响，力求以最完美的外观造型同时呈现于产品之中。

近现代建筑艺术也正在探索与中国古代"和合"哲学思维的结合点。中国近现代建筑不乏将中国古代哲学与西方思想、西方建筑与中国传统建筑相互结合的成功案例。以武汉为例，由于其特殊的地理环境和社会背景，当地有不少建筑中西方文化并收，将矛盾融合而成新的建筑风格。比如武汉大学图书馆，这座建成于1934年的建筑将中国清代建筑样式和西方最典型的拜占庭、哥特式等建筑形式融为一体，中国古典建筑中的朱雀、额枋、单檐、瓦作等穿插于建筑外观，内部装饰采用欧式柱与中式的回纹巧妙结合，哥特式建筑与中国古典建筑特色融为一体，整个建筑中既有中西建筑形式的融合，又有中西装饰手法的融合，还有中西建筑材料的融合以及中西文化的结合。整幢建筑的每个小分支都有着潜在的连接，建筑和谐统一、自然天成，这正是"和合"的哲学造物思想的充分体现。

在现代艺术设计文化中，"和合"的造物哲学不仅是构筑"天人之和""社会之和"和"身心之和"的整体，更是造物文化的理想追求。

中国生态美学的造物哲学体现了中国这个古代东方民族的生态直觉与生态智慧，其中始终强调"人、物、境"的协调关系，"人与人、人与物、物与物、物与境"的有机结合。从设计是为人造物的行为中，我们体会更多的是"造物是一种充满人性的活动"，同时"设计必须服从被设计的对象"，从设计以人为本的本质中，以艺术的形式不断改造和挖掘人类智慧与创造力。我们将中国传统生态美学观注入现代艺术设计理念之中，通过艺术向人们传达这些积极有益的生活审美态度，是设计对传统文化精髓的继承，同时也能体会到当代设计的价值与标准。

四、生态美学在室内设计中的应用原则

（一）简洁原则

生态美学要求室内设计应遵循设计形式简洁的原则，避免过多的装饰和各类材料的堆砌。无论是界面、家具形体等都需要在满足使用者需求的情况下，保持简洁化，以减少过多材料的使用，尽可能避免材料所带来的污染以及烦琐装饰所造成的视觉污染。

（二）绿色环保原则

室内设计应用生态美学时，应严格遵循绿色环保的原则，选择绿色环保的材料。在采购材料时，应选择符合国家绿色环保要求的材料，不应为节省成本而选择超出环

保指数的材料。同时，在施工过程中，应尽可能地避免粉尘、噪音等污染。通过对各方面的控制，达到绿色环保的目的。

（三）可持续原则

室内设计也应遵循可持续原则，尽可能地运用可再生资源。目前，世界资源消耗量巨大，很多不可再生资源都濒临枯竭。在生态美学的指导下，现代室内设计也应避免使用不可再生资源，并对可再生资源进行循环利用，以充分保证室内设计的生态环保。

（四）贴近自然原则

生态美学要求现代室内设计能够与自然充分接触，实现生态室内环境的创建。因此，现代化室内设计应保证室内有充足的阳光和大量的空气流通，这一要求可以通过大面积窗户的设计而实现。同时，为了更加贴近自然，室内应适当添加绿色植物，营造室内生态微环境，改善人们生存空间，满足人们对自然的渴望。

第四章　绿色生态与室内设计理论探究

第一节　绿色生态对室内设计的影响因素

一、绿色生态室内设计中的人文因素

绿色生态室内设计不仅受到周围自然生态的环境因素影响，而且当地的人文特色、乡土人情也是生态室内设计要考虑的一个重要因素。其中，人文因素包含了当地的经济发展程度、人民受教育程度、民风等内容。不同的地域会有不同的城市风格，而这些城市风格背后所隐藏的文化意蕴已经融入每个人的生活之中，经过沉淀形成了富有当地特色的室内文化。例如，北京的香山饭店是由国际著名美籍华裔建筑设计师贝聿铭先生主持设计的一座融中国古典建筑艺术、园林艺术、环境艺术为一体的四星级酒店。设计师试图在一个现代化的建筑物和室内装饰上，体现出中国民族建筑艺术的精华。

贝聿铭先生在平面布局上，沿用中轴线这一具有永续生命力的传统。院落式的建筑布局形成了设计中的精髓：入口前庭很少绿化（图4-1），是按广场处理的，这在我国传统园林建筑中是没有的，但着眼于未来旅游功能上的要求；后花园是香山饭店的主要庭院（图4-2），三面被建筑所包围，朝南的一面敞开，远山近水，叠石小径（图4-3），高树铺草，布置得非常得体，既有江南园林精巧的特点，又有北方园林开阔的空间；中间设有"常春四合院"，那里有一片水池，一座假山和几株青竹，使前庭后院有了连续性。

图 4-1　香山饭店入口

图 4-2　香山饭店后花园

图 4-3　叠石小径

整个香山饭店的装修，从室外到室内，基本上只用三种颜色，白色是主调，灰色是仅次于白色的中间色调，黄褐色用作小面积点缀性，这三种颜色组织在一起，无论室内室外，都十分统一，和谐高雅。来到香山饭店的人们，看到每一个细小的部件都不会忘记身处在香山饭店，这一点看起来似乎简单，但最难做到。

作品中，贝聿铭大胆地重复使用两种最简单的几何图形——正方形和圆形。大门、窗、空窗、漏窗、窗两侧和漏窗的花格、墙面上的砖饰、壁灯、宫灯都是正方形，连道路脚灯的楼梯栏杆灯都是正立方体；圆则用在月洞门（图4-4）、灯具、茶几、宴会厅前廊墙面装饰，南北立面上的漏窗也是由四个圆相交构成的，连房间门上的分区号也用一个圆套起来。这种处理手法显然是经过深思熟虑的，深藏着设计师的某种意图——重复之上的韵律和丰富。

图4-4 月洞门

二、绿色生态室内设计中的美学元素

人们对室内设计的追求已经不仅仅停留在居住舒适的程度，还包含了个人审美的诉求、精神追求的表达。随着绿色生态文化的不断渗透，工业文明中的人类已经不再单一地追求奢华、气派等浮夸的设计风格，正在逐渐恢复对自然的崇敬、对自然的向往、渴望与自然融合的心理观念。

绿色生态室内环境设计讲究的是人与自然的和谐共处，从审美角度来讲，体现了人与自然的完美结合。如何在设计风格中体现人与自然为一体的设计理念，需要当今的新型科学技术、新型材料、新型能源、新型制造工艺以及自然的设计风格配合完成。

人们对绿色生态室内设计的要求是人们对文化诉求、审美意境的表达。绿色生态室内设计的自然与人融合的审美体现在设计的各个细节上，如采光方面多选择光线充足、光影变换较为丰富的设计效果，这样设计不仅可以使设计的空间得到了拓宽，还使室内的设计与外部的自然环境可以有机地结合在一起；色彩运用方面也多采用自然色调，装饰选择上多采用植物、生态景观、动态流水效果、巨石假山、花鸟鱼等自然"材料"，使人的五感（视、听、嗅、触、味）方面都可以感受到设计中蕴含的自然理念，营造清新的自然风光感受，让人仿佛置身于大自然中。

三、绿色生态室内设计中的生态特性

绿色生态室内设计中的生态特性是其区别于传统室内设计的重要体现，而生态特性的本质就是可持续发展。因此，绿色生态室内设计就要从节约资源、节约能源、简约实用、科学等方面着手，避免当代室内设计的弊端，减少建筑装饰材料的使用，合理利用装饰成本，节约稀有的不可再生的自然资源。

节约资源、节约能源是维持绿色生态室内设计可持续发展性的一个最直接的手段，尤其是在不可再生的珍贵资源的利用方面。首先，在空间的利用方面，设计要尽量做到合理安排，杜绝奢侈豪华的设计风格，多采用多层复合结构的空间设计。在有限的空间内提供给人们多种使用需求的构造。其次，通过科学、优化的设计，减少室内设计中装饰的过多、冗余、繁复的现象，在满足室内设计的基本要求下，最大限度地减少用料、材料的使用，降低装修成本。在设计过程中，充分考虑材料的可重复利用的特性、家具的使用期限，选材也多选用环保、绿色、安全、健康的绿色材料，例如石材、木材、丝绵、藤类等天然装饰材料。这些材料相比化学合成的装饰材料，具有无毒、环保、利于室内环境调节的优点。最后，在采光、通风、噪音处理、能源使用方面，多使用自然资源。例如，利用自然采光营造空间拓宽的效果，通风考虑周围环境因素，利用太阳能设计洗浴、水加热等。

第二节　绿色生态理念下室内设计的基本措施

绿色生态室内设计的基本技术措施可以从材料的使用、设计技术、绿色新科技等方面考虑。

一、绿色装修材料

生态室内设计应该采用绿色环保的装修材料。近几年，绿色环保的装饰材料在市

场上逐渐走俏，这些材料在生产和使用的过程中都不会对人体造成伤害。这些材料作为装修的废弃物也不会对环境造成太大的污染，如无毒涂料、再生壁纸等等，这些材料都具有无毒性、无挥发气体的释放、无刺激性、低放射性等特点。

二、绿色生态型室内设计方法

通过巧妙科学的绿色生态型室内设计方法，可以从视觉上拓展空间，增加空间的分层设计，合理高效地利用空间资源，多采用自然采光、自然通风效应来提高室内设计的舒适感，将绿色生态室内设计的效果融入周围的环境中去。

三、绿色高科技

绿色生态室内设计还应该多采用绿色科技。例如，利用植物的废气吸收特性，来清洁空气中的甲醛和多余的二氧化碳等气体，营造一个良好的室内空气循环系统，同时植物还可以起到装饰的作用。由此可以引申至室内绿化设施、庭院的设计引入室内等手段。还有类似无土栽培等绿色高科技，都为绿色生态室内设计提供了有效可参考的技术措施。

四、节能技术

能源问题是生态室内设计的一个重点，降低了能源的使用，可以很直接地减少人类活动对自然环境的破坏。例如，吸热玻璃、热反射玻璃、调光玻璃、保温墙体等新科技产品都可以在节能方面为绿色生态室内设计带来可行性，将这些技术产品有机地组合在一起，可以达到温度和采光两个方面的良好设计，还能大大地降低能源的使用。

五、清洁能源

清洁能源也是绿色生态室内设计未来发展的一个方向。随着清洁能源的快速发展，传统的能源模式正在逐渐改变，传统的石油、煤炭能源会带来巨大的污染效应，而清洁能源不仅在供给方面可以保证室内环境能源的使用，在环保方面的效果也非常明显。目前，优秀的清洁能源有太阳能、天然气、风能等，其中太阳能和风能技术已经日趋成熟了。例如，由 Shaun Killa 设计的巴林世贸中心（图 4-5）成功地将大型风机集成进建筑中，可称为风能建筑一体化的典范之作。巴林世贸中心由两座外观完全相同的塔楼组成，双子塔高 240 多米，共 50 层，平面为椭圆形，外形呈帆状，线条流畅，具有强烈的视觉震撼力，深绿宝石色的玻璃和白色的外表皮使大厦与周边沙漠景观和海上风光融为一体。更令人瞩目的是，在 50 层、高 240 米的办公塔楼之间安装了 3 台水平轴发电风车，使世贸中心成为世界上首先为自身持续提供可再生能源的摩天大楼。这 3 台发电风车每年约能提供 1 200 兆瓦时（120 万度）的电力，大约相当于 300 个家庭的用电量。

　　发电风车满负荷时的转子速度为每分钟 38 转，通过安置在引擎舱的一系列变速箱，让发电机以每分钟 1 500 转的转速运行发电。设计的最佳发电状态在风速 15 ～ 20 米 / 秒时，约为 225 千瓦。风机转子的直径为 29 米，是用 50 层玻璃纤维制成的。在风力强劲或需要转入停顿状态时，翼片的顶端会向外推出，增加了转子的总力矩，达到减速目的。风机能承受的最大风速是每秒 80 米，能经受 4 级飓风（风速每秒 69 米以上）。在节能建筑的开发之路上，巴林世贸中心率先迈出了一步。这是人类建筑史上的一个重要里程碑，是地球可再生能源的一次成功的重大尝试。

图 4-5　巴林世贸中心

第三节　绿色生态理念下室内设计的指导思想与外部实施条件

一、绿色生态理念下室内设计的指导思想

随着社会进步和人民生活水平的提高，建筑室内外环境设计在人们的生活中越来越重要。在人类文明发展至今天的现代社会中，人类已不再是只简单地满足于物质功能的需要，而更多的是需求精神上的满足，所以在室内外环境设计中，我们必须一切围绕着人们更高的需求来进行设计，这就包括物质需求和精神需求。具体的室内设计要素主要包括对建造所用材料的控制、对室内有害物质的控制、对室内热环境的控制、对建筑室内隔声的设计、对室内采光与照明设计等。

（一）对建造所用材料的控制

建筑物采用传统建筑材料建造，不仅耗费大量的自然资源，而且产生很多环境问题。例如，大量产生的建筑废料，装修材料引起的室内空气污染，会导致一系列的建筑物综合征等。随着人们环保意识的提高，人们越来越重视建筑材料引起的建筑室内外空气污染的问题。工程实践充分证明，绿色建筑在材料的使用上考虑两个要素：一是将自然资源的消耗降到最低；二是为建筑用户创造一个健康、舒适和无害的空间。

通过在材料的选择过程中进行寿命周期分析和比较常规的标准（如费用、美观、性能、可获得性、规范和厂家的保证等），尽量减少自然资源的消耗。绿色建筑提倡使用可再生和可循环的天然材料，同时尽量减少含甲醛、苯、重金属等有害物质的材料的使用；和人造材料相比，天然材料含有较少的有毒物质，并且更加节能。只有当大量使用无污染节能的环保材料时，我们建造的建筑才具有可持续性。同时，还应该大力发展高强高性能材料；以及进行垃圾分类收集、分类处理；有机物的生物处理；尽可能地减少建筑废弃物的排放和空气污染物的产生，实现资源的可持续发展。

（二）对室内有害物质的控制

现代人平均有 60% ~ 80% 的时间生活和工作在室内。室内空气质量的好坏直接影响着人们的生活质量和身体健康，与室内空气污染有直接关系的疾病，已经成为社会普遍关注的热点，也成为绿色建筑设计的重点。认识和分析常见的室内污染物，采取有效措施对有害物质进行控制，将其危害防患于未然，这对提高人类生活质量有着重要的意义。

室内环境质量受到多方面的影响和污染，其污染物质的种类很多，大致可以分为

三大类：第一类为物理性污染，包括噪声、光辐射、电磁辐射、放射性污染等，主要来源于室外及室内的电器设备；第二类为化学性污染，包括建筑装饰装修材料及家具制品中释放的具有挥发性的化合物，数量多达几十种，其中以甲醛、苯、氡、氨等室内有害气体的危害尤为严重；第三类为生物性污染，主要有螨虫、白蚁及其他细菌等，主要来自地毯、毛毯、木制品及结构主体等。其中，甲醛、氨气、氡气、苯和放射性物质等，不仅是目前室内环境污染物的主要来源，而且也是对室内污染物的控制重点。

　　绿色建筑在设计中对污染源要进行控制，尽量使用国家认证的环保型材料，提倡合理使用自然通风，这样不仅可以节省更多的能源，更有利于室内空气品质的提高。要求在建筑物建成后通过环保验收，有条件的建筑可设置污染监控系统，确保建筑物内空气质量达到人体所需要的健康标准。

　　室内污染监控系统应能够将所采集到的有关信息传输至计算机或监控平台上，实现对公共场所空气质量数据的采集、存储、实时报警和历史数据的分析、统计、处理以及调节控制等功能，保障室内空气质量良好。对室内空气的控制可采用室内空气检测仪。

　　（三）对室内热环境的控制

　　室内热环境又称室内气候，由室内空气温度、空气湿度、气流和热辐射四种参数综合形成，以人体舒适感进行评价的一种室内环境。影响室内热环境的因素主要包括室内空气温度、空气湿度、气流速度以及人体与周围环境之间的辐射换热。根据室内热环境的性质，房屋的种类大体可分为两大类：一类是以满足人体需要为主的，如住宅、教室、办公室等；另一类是满足生产工艺或科学试验要求的，如恒温恒湿车间、冷藏库、试验室、温室等。

　　适宜的室内热环境是指室内适当，使人体易于保持热平衡从而感到舒适的室内环境条件。热舒适的室内环境有利于人的身心健康，进而可提高学习、工作效率；而当人处于过冷或过热的环境中，则会因不适应引起疾病，影响人体健康乃至危及生命。在进行绿色建筑设计时，必须注意空气温度、湿度、气流速度以及环境热辐射对建筑室内的影响。对于室内热环境可用专门的仪器进行监控。

　　（四）对建筑室内隔声的设计

　　建筑室内隔声是指随着现代城市的发展、噪声源的增加、建筑物的密集、高强度轻质材料的使用，对建筑物进行有效的隔声防护措施。建筑隔声除了要考虑建筑物内人们活动所引起的声音干扰外，还要考虑建筑物外交通运输、工商业活动等噪声传入所造成的干扰。

　　建筑隔声包括空气声隔声和结构声隔声两个方面。所谓空气声是指经空气传播或透过建筑构件传至室内的声音，如人们的谈笑声、收音机声、交通噪声等。所谓结构声是指机电设备、地面或地下车辆以及打桩、楼板上的走动等所造成的振动，经地面或建筑构件传至室内而辐射出的声音。在建筑物内，空气声和结构声是可以互相转化的，因为空气声的振动能够迫使构件产生振动成为结构声，而结构声辐射出声音时，也就成为空气声。

室内背景噪声水平是影响室内环境质量的重要因素之一。尽管室内噪声通常与室内空气质量和热舒适度相比，对人体的影响不是显得非常重要，但其危害也是多方面的。例如，可引起耳部不适、降低工作效率、损害心血管、引起神经系统紊乱，严重的甚至影响听力和视力等，必须引起足够的重视。建筑隔声设计的内容主要包括选定合适隔声量、采取合理的布局、采用隔声结构和材料、采取有效的隔振措施。

（1）选定合适隔声量。对特殊建筑物（如音乐厅、录音室、测听室）的构件，可按其内部容许的噪声级和外部噪声级的大小来确定所需构件的隔声量。对普通住宅、办公室、学校等建筑，由于受材料、投资和使用条件等因素的限制，选取围护结构隔声量，就要综合各种因素，确定一个最佳数值。通常可用居住建筑隔声标准所规定的隔声量。

（2）采取合理的布局。在进行隔声设计时，最好不用特殊的隔声构造，而是利用一般的构件和合理布局来满足隔声要求。如在设计住宅时，厨房、厕所的位置要远离邻户的卧室、起居室；对于剧院、音乐厅等则可用休息厅、门厅等形成声锁，来满足隔声的要求。为了减少隔声设计的复杂性和投资额，在建筑物内应该尽可能将噪声源集中起来，使之远离需要安静的房间。

（3）采用隔声结构和材料。某些需要特别安静的房间，如录音棚、广播室、声学实验室等，可采用双层围护结构或其他特殊构造，保证室内的安静。在普通建筑物内，若采用轻质构件，则常用双层构造，才能满足隔声要求。对于楼板撞击声，通常采用弹性或阻尼材料来做面层或垫层，或在楼板下增设分离式吊顶等，以减少干扰。

（4）采取有效的隔振措施。建筑物内如有电动机等设备，除了利用周围墙板隔声外，还必须在其基础和管道与建筑物的连接处，安设隔振装置。如有通风管道，还要在管道的进风和出风段内加设消声装置。

（五）对室内采光与照明设计

就人的视觉来说，没有光也就没有一切。在室内设计中，光不仅是为满足人们视觉功能的需要，而且是一个重要的美学因素。光可以形成空间、改变空间或者破坏空间，它直接影响人对物体大小、形状、质地和色彩的感知。近几年来的研究证明，光还影响细胞的再生长、激素的产生、腺体的分泌以及如体温、身体的活动和食物的消耗等的生理节奏。因此，室内照明是室内设计的重要组成部分之一，在设计之初就应该加以考虑。

室内采光主要有自然光源和人工光源两种。自然采光最大的缺点就是不稳定和难以达到所要求的室内照度均匀度。在建筑的高窗位置采取反光板、折光棱镜玻璃等措施，不仅可以将更多的自然光线引入室内，而且可以改善室内自然采光形成照度的均匀性和稳定性。

现代人由于经常处在繁忙的生活节奏中，所以真正白天在居室的时间非常少，在居室的多数时间是夜里，而且可能由于房型和房间朝向的问题，房间更多的时间都可能受不到自然光照，所以室内设计人工光源是必不可少的。在进行室内照明设计时，主要应注意以下设计要点。

（1）室内灯光设计先要考虑为人服务，还要考虑各个空间的亮度。起居室是人们经常活动的空间，所以室内灯光要亮点；卧室是休息的地方，亮度要求不太高；餐厅要综合考虑，一般需要中等的亮度，但桌面上的亮度应适当提高；厨房要有足够的亮度，而且宜设置局部照明；卫生间要求一般，如果有特殊要求，应配置局部照明；书房则以功能性为主要考虑，为了减轻长时间阅读所造成的眼睛疲劳，应考虑色温较接近早晨太阳光和不闪的照明。

（2）设计灯光还要考虑不同房间的照明形式，是采用整体照明（普照式）还是采用局部照明（集中式）或者是采用混合照明（辅助照明）。

（3）设计灯光要根据室内家具、陈设、摆设、墙面来设置。整体与局部照明结合使用，同时考虑功能和效果。

（4）设计灯光要结合家具的色彩和明度：①各个房间的灯光设计既要统一，又要各自营造出不同的气氛；②结合家具设计灯光，可加强空间感和立体感，从而突出家具的造型。

（5）设计灯光也要根据采用的装潢材料以及材料表面的肌理，考虑好照明角度，尽可能突出中心，同时注意避免对人造成眩光与阴影。

为推进全国城市绿色照明工作，提高城市照明节能管理水平，住房城乡建设部颁布了新的国家标准《建筑照明设计标准》（GB 50034—2013），并于 2014 年 6 月 1 日开始实施。

《建筑照明设计标准》（GB 50034—2013)的制定有利于城乡建筑的照明情况得到很大的改观，也为城乡建筑照明未来的发展指明了方向。

二、绿色生态理念下室内设计的外部实施条件

绿色生态室内住宅设计的全面发展，不仅仅是靠业界的设计师、科技相关部门的努力就可以达到的。在我国的地理、政治环境下，生态室内设计的发展需要政府的大力支持：快速制定一些业内的标准，例如绿色环保材料的生产标准、绿色生态室内设计的标准等；设立相关的监管部门，同时配套颁布相应的法律法规，顺应国内能源市场的发展，才能达到室内设计的传统向生态化转型，同时刺激国家经济发展，促进国家的可持续发展的双赢目标。

民众作为生态室内设计的消费主体，政府要帮助其树立正确的生态价值观念。如今，享乐主义盛行，民众趋向于奢侈消费、讲究排场、推崇豪华的室内设计风格，对生态设计的理念非常薄弱，生态文化在广大民众中还没有建立起来。

政府要向民众宣扬生态消费的模式，提倡环保可持续发展的思想，提倡不与其他人在物质方面攀比，杜绝无所顾忌的消费心理。民众基数庞大，过度消费会给环境带来非常巨大的压力，要将能源与环保的意识深入民众中去，提高每个人的环保意识。在人们的意识中树立环保意识，人类的各项活动不仅要利用自然资源创造价值，还要尊重自然、保护自然，因为自然是人类赖以生存的家园。政府要使绿色生态室内设计成为民众的主流要求，因为它可以全方位地体现绿色环保的思想，高度体现了室内设计的新发展要求，即室内设计的可持续发展特性，促使人们共同营造一个良好的、健康的生存环境。

第五章　绿色生态在室内设计的应用研究

第一节　绿色生态理念在室内设计中的运用

一、绿色设计理念对室内空间规划的把握

室内空间是指建筑下的空间概念，是室内建筑空间的一部分。室内空间是由面围合而成的，这些面分别是地面、墙面、顶面，界面之间不同的组合关系构成了不同的空间形态。"生态设计理念"主要强调设计的环保性、可持续性、功能性、人性化和对风格、品质、文化内涵的追求。生态设计理念下的室内设计会让人们的室内空间有良好的通风，最大限度自然采光，赏心悦目的室内环境，在尽量不改变原始框架的结构下保证空气的流通性和充足的阳光。

城市住房越来越拥挤，人们希望室内空间有开阔的视野，足不出户就能感受到与大自然的融合。如图 5-1 所示，墙面采用通透的玻璃墙面，不仅有利于充足的阳光洒入室内，还让视野更加开阔，室内空间得到延伸。图 5-2 中的室内空间将室内和室外的景观相互融合，人们在这样的客厅休息仿佛置身于大自然中，室外的景观尽收眼底，浑然天成。人们在这样一个美好的环境休息，每天都能使人们精神愉悦，充满工作和生活的激情。即使是在大都市的楼房，我们也可以像图 5-2 一样创造绿色的景致，室内大量使用玻璃隔断，让室内的采光充足，玻璃隔断的通透性让室内与天井的相连，使室内的空间得到延伸，显得更加宽阔。室内功能分区模糊，没有明显的界线分割，有利于空气的流通，让我们的室内开阔、透明，使光线和空气畅通无阻，绿色植物使我们在室内也能感受到四季的变迁。

图 5-1　绿色哥伦比亚室内设计

图 5-2　绿色边缘之家

在生态设计理念下，空间功能规划，人口的流动路线也是要充分考虑的。如图 5-1 所示，该空间里囊括了厨房、餐厅、客厅，功能分区模糊，并没有用多余的隔断，这样使空间更加开阔，空气流通，且各功能之间互相不受影响，人们可以同时在这里烹饪、就餐、娱乐、接待客人。这样，我们把有限的空间最大化利用，既方便人们使用，又使室内视觉上的效果更加开阔，提高了空间的利用率，降低了建筑材料的使用，节约了资源，减少了建筑垃圾的排放量，保护了生态环境。

二、生态设计理念在室内界面中的运用

在室内空间中，室内界面是由地面、墙面、顶面组合而成。在进行室内装饰时，我们会对界面进行处理。在墙面和顶面的处理上，大多数选择涂料粉刷，有些涂料由于造价低廉，质量不达标，里面含有有毒的化学成分，人们长期接触对人体有极大的

伤害，给我们的健康带来安全隐患，同时也会对室内外空气造成污染。在墙面和地面的装饰上，我们会根据不同的风格形态需要选择不同的装饰材料，但是现在很多的装饰材料含有有害物质，如放射性物质、甲醛超标等，诱发人体疾病，对环境和人都造成不同程度的影响。其中，大量使用不可再生资源，对资源造成极大的浪费。在绿色设计理念下，我们会选择环保型的材料，尽量选用再生周期短的资源开发和使用，减少资源能源的消耗，走可持续发展道路，实现人与自然和谐共处。

第二节　绿色生态理念下的室内物理环境分析

建筑的室内环境可以分为物理环境和心理环境两部分。物理环境是指室内环境中通过人的感觉器官对人生理发生作用和影响的物理因素。一般室内设计都是考虑室内空间的构成形态、功能分区、人流分析等等，这些是非常重要的。这里所说的物理环境是指室内采光、室内通风、室内空气环境、室内热舒适度等因素对人生理的影响。在过去的室内设计中，这些因素很容易被人们所忽略，使室内设计只是形式上对空间形态的设计，而忽略了高质量的室内环境品质。室内生态设计应该全面地考虑人们的需求，以人为本，在设计的同时考虑节约资源、能源，保护生态环境。将这些物理环境因素纳入室内设计中，能让室内设计更加人性化，更加注重与环境的关系，并影响着人的身心健康和工作效率。

一、室内热环境

室内热环境是人们舒适生活的保障，是居住环境中一个重要的影响因素。房间内的热环境会直接影响人们的工作和生活。室内的热环境是指影响人体冷热感觉的环境因素，主要是由室内空气温度、湿度、流速以及室内各界面的表面温度等来决定的，良好的热环境能够保证人在室内的工作、生活，人身体各方面机能都得到最好的发挥，维持人的生理和心理健康；反之，不舒适的室内热环境会影响人们的工作效率，对人们的身体健康也会有一定的影响。

室内温度是以人的皮肤感觉为依据，合适的室内温度人们才能感觉到舒适，过高和过低都会影响人们的生产活动。影响室内温度的因素主要是建筑形成的实际温度、建筑下的室内空间通风的设计、房屋的结构形成的室内温度，还有太阳的照射也会影响室内的热感，所以房屋的朝向窗户位置要合理安排。室内的湿度也会对人体产生直接感受，室内湿度较低时会使室内空气干燥并产生静电；而室内湿度太高时，人在室内会有烦闷感，容易滋长霉菌和螨虫，不利于人们的身体健康。由于现在的建筑室内密闭性较好，室内空间的浴室、厨房等湿气大，建筑材料只能一定程度地控制湿气，主要还是要有良好的室内通风设计，保障室内的湿度适宜。室内空气流速是指空气的流动速度，影响着室内的空气对流、空气循环和散热。室内各界面的表面温度影响了人体温度的冷热感，比如室内各界面的表面温度高，人体的热感会增加，室内各界面的表面温度低，人体会产生冷感。室内热环境被这些因素影响，因素之间也是相互影响。在生态设计理念下，维持良好的室内热环境并达到节能环保，我们可以从以下几个方面入手。

第一，在建筑规划时就应该有良好的设计，为良好的室内环境打下基础，建筑设计初期应考虑建筑的布局、朝向方位、建筑之间的间距、建筑的门窗设置等，这些都与室内的通风、采光有很大的关系。

第二，合理地安排房间位置，由于一些条件的限制，并不能让所有的房间都拥有理想的阳光和通风，所以不同的房间热环境也不一样。在设计时要根据房间不同的使用性能、使用频率、重要性等，来合理地安排房间的位置，比如说客厅是使用最频繁的地方，应该有充足的光线和通风；还有老人和小孩的房间，他们是需要关注的弱势群体，也要有好的房间位置。

第三，合理地利用阳光和通风。冬天应尽可能多地让阳光照入室内，提升室内温度，夏天应减少阳光的直射。合理地安排门窗，增加室内空气对流，达到良好的自然通风。

第四，提高建筑室内界面的保温隔热性能，合理地利用保温隔热材料。建筑界面的保温隔热性能直接影响了室内热环境，例如在寒冷的冬天，建筑界面保温隔热性能好才能保证室内热量不易流失，冷气不易侵入。所以，界面好的保温隔热性能让人们在室内更加舒适，还能减少供暖、空调的投入使用，从而减少资源、能源的消耗。随着现在科技的发展，合理地运用保温隔热材料确实对室内热环境有一定的效果，但在生态设计理念下，材料的大量运用会造成很多废弃物，不合格的材料还会产生有害气体，影响人的身体健康，所以在选择保温隔热材料时应尽量选择绿色环保材料。

第五，结合室内水体和植物。在室内布置水体和植物能调节室内的温度和湿度，特别是在夏天，室内的水体能吸收室内的热量，保持室内的湿度；植物能也能调节室内的微气候，还能增添室内的绿意。很多酒店或者公共空间室内会使用水体和植物，但是在寒冷的冬季，室内应该谨慎使用水体。图5-3为广州白天鹅宾馆室内景观，室内充分利用了水体和植物，广州阳光充足，夏天较长，在室内运用水体和植物能降低室内温度、改善室内湿度，让人们在室内能感受到一丝清凉。环绕在四周的酒店大堂、餐厅、客房等的客人既能欣赏绿色自然景观，还能享受舒适的室内温度湿度。

图 5-3　广州白天鹅宾馆

总之，室内热环境的好坏与室内环境有着密切的关系，再好的设计没有良好的室内热环境都是不符合生态设计的，同时室内热环境的创造要考虑到节能环保的要求，才能达到真正的生态设计。

二、室内空气环境

相对而言，室内的空气比室外的空气跟人体的接触更为密切，而现在人们大部分的时间是在室内度过的，拥有健康的室内空气质量就显得尤为重要。现在楼房林立，建筑房屋飞速发展。为了保证室内的私密性、隔音、隔热、御寒等，室内的密闭性加强，门窗也更加封闭，而室内的空气流通就成了一个很大的问题。现在人们对室内装饰品质的要求越来越高，而室内不合格的装饰材料释放着对人体有害的化学气体，包括家具的材料、平时的不良生活习惯（如抽烟等），导致室内的空气品质不佳；加上室内空气流通性差，有害气体不能及时扩散出去，人们长期生活在这样的空气环境下导致人们的身体素质变差，引发了很多疾病，人们开始关注室内的空气质量。室内空间本该是人们日常生活、工作、娱乐的地方，但是空气质量问题却成了一个安全隐患，危害人们的健康，使室内成了一个有潜在危险的地方。因此，我们要提高空气质量，让室内更加舒适、安全，提高人们的工作效率和身心健康。

在生态设计理念下，要解决以上问题，改善空气的质量，我们需要做出以下处理方法。

第一，选择材料时尽量选用绿色环保材料，减少有毒气体排放。现在很多材料都是不环保的，我们在新家装修完后，要开窗通风，放置一段时间才能居住，不然会严重影响人们的身体健康。

第二，可以选用未加工处理的原生态材料使用。这些材料安全无污染，节省人力物力，节约资源，减少废物的产生，还能循环利用。原生态材料保存着其原有的肌理和色彩，透露着自然的气息，越来越受到人们的青睐。

第三，在室内安装空气交换机，促进空气循环。

第四，房屋设计初期应充分考虑空气流通走向，合理加大通风采光口，减少不必要的隔断，有些功能区域相连更方便使用，隔断的减少能让室内空气畅通无阻，视野更加开阔，减少空间的浪费。

第五，合理利用绿化吸收空气中的有害物质。

空气质量得到改善，人们才能安心在室内空间中学习、工作、生活、娱乐，创造了健康的室内环境的同时也保护了地球的大气环境，有利于可持续发展。

三、室内声音环境

噪音已成为当今威胁人类健康的"三大公害"之一，生态室内设计还要考虑隔声和吸声处理，针对不同的使用场景做出不同的设计处理。例如，家庭居室、娱乐场所，主要是隔声处理；而工厂的室内设计还要考虑吸声处理。

据数据显示，当人长时间生活在噪音过高的环境中，不仅会对人的听觉不利，还会影响人的身心健康。若这种情况持续保持很长时间，就会变成永久性的听力损伤，严重者会完全丧失听力。目前，建设部已对绿色生态住宅室内声环境制定了专项指标，白天应小于35dB，夜间应小于30dB。因此，生态室内设计必须采取降噪隔声的措施。

一般生态室内设计针对声音环境会从几个方面考虑。

第一，设计位置的选择。尽量选择周边环境安静，符合国家标准的地段。同时，在大型室内设计时，还会将室内的相对安静和相对嘈杂的空间分开，外有资料显示，面对面布置的两间房间，只有当开启的窗户间距为9～12m时，才能使一间的谈话声不致传到另一间。而同一墙面的相邻两户，当窗间距达2m左右时，才可避免在开窗情况下谈话声互传。

第二，选择合适的可以处理噪声的材料，降低噪音的传播。同样，门窗是容易忽略的位置，可以选择密封性较好，多层的门窗，既可以降低噪声影响又可以起到隔热保温的设计效果。

第三，绿化也可以起到一定的降噪作用。

四、室内光环境

室内光环境是人们生活必不可少的元素，是人们健康舒适生活的必要保障，是一切生命生存的依赖。自然界中任何生物都不能缺少光的照耀，植物要通过阳光进行光合作用，人没有光将寸步难行。人们从外界获得信息，大部分来自视觉，而人们视觉过程的实现主要是通过光。在室内空间中，光环境主要是由光照度的大小、亮度的分布、光线的方向等构成，室内的光环境质量不仅决定了视觉环境、视物的清晰度，室内安全性、舒适性和方便性，还能影响室内的美观效果。光环境给人们的感受，不仅是一个生理过程，还是一个心理过程，影响着人们的生理和心理健康。

室内的采光主要有两个来源：一个是自然光，一个是人工照明。生态设计理念下室内的光环境主要注重节能、环保、健康。自然光是由太阳而产生的，它最大的特点是光照温度适宜，亮度柔和，早中晚的光线各不相同，人们早已适应了光线的变化，日出而作，日落而息。现在人工照明方便普遍，是人类史上一项伟大的发明，它为人们的生活提供了方便，延长了人们生活工作的时间，让人类活动不那么有局限性，它营造的空间氛围、照明的效果和给人的心理生理感受是完全不一样的。自然光是有温度的光线，会随着时间的变化而改变，能满足人们的心理需求。自然光作为万物生存的根本，它更适合人的生理和心理需求。生态设计理念要考虑如何合理地运用自然光，让室内空间达到最好的采光效果，这不仅能降低能源的消耗，节约能源，阳光的射入也有利于营造健康温馨的室内环境，不同季节的需要也为空间的采暖提供了热量，有利于能源的循环利用。一年四季，自然光给人的感受是不同的，但唯一不变的是我们不能缺少自然光。

所有空间形态的塑造都离不开光，自然光可以突显室内的轮廓，柔和室内物品的色彩，增强材料的肌理效果。光和影是相辅相成的，室内形态的多样性可以创造出丰富多变的光影效果，光影效果会随着时间的变化而改变，形成了室内移动的风景线。自然光洒落在室内的物体上，使物体表面散发绚丽的色彩，让室内色彩更加丰富多变。自然光所产生的光影效果让室内氛围更加活跃，仿佛不同的音符在其间跳跃，还能体现室内内部结构的魅力，不需要过多的装饰就能让室内表现出别致的景色，充分表现了光线的艺术性。但也要注意洒入室内光线的舒适度，不宜太过强烈，否则会影响人们的生产生活，太强烈的光线会引起人们的反感，在设计初期就要解决这个问题。现在楼房密集，有些室内空间仅有少量的阳光射入，给人们的生活、生理和心理健康带来严重的影响，室内常年照不到或照射少量的阳光，人们的心理会产生抑郁的情绪，家用物品也会容易损坏。因此，我们要合理地设计室内空间，使自然光得到最大化的利用，让人们生活在舒适、健康、绿色的室内空间中，减少能源的消耗。如图 5-4 所示，在室内过道上，顶面采用玻璃的设计，使自然阳光洒入室内，不仅为室内植物提供了阳光，优化室内轮廓，其所产生的光影效果成了这个空间最大的亮点，多变的光影效果为室内增添了一份乐趣，为人们创造了愉悦、欢快的室内氛围，有利于人们生理和心理健康发展。

图 5-4　玻璃屋顶

　　人工照明是在光线程度不够的情况下，来为人们提供照明，方便人们的生产生活。在生态设计理念下，人工照明要考虑节能，尽量选用节能灯具；光照的亮度要适中，无眩晕感；灯光的颜色要适宜，不要对视觉产生不舒适的感觉。某些室内，为了达到所谓的灯光效果，竟然封闭了所有的自然采光，完全由人工照明取代，这样虽然达到了某些艺术氛围，但是浪费过多能源。没有光线照射，室内细菌滋生，空气质量不达标，不符合生态设计的要求。自然光无论是光色、光度等都非常丰富，千变万化；而人工照明虽然仿照自然光设计了不同颜色、灯光范围、灯光照度，但是始终是机械化的光源，无法替代自然光给人的心理和生理感受。在进行室内空间设计时，我们应该尽可能地充分运用自然光，除非某些必要的场合，一般情况下室内空间应该尽量避免全人工照明的情况，这才能符合生态设计中节能环保的需求。

第三节　绿色原生态材料在室内空间的运用

一、原生态材料的基本概念

材料是制作产品的基本要素，设计中的功能或形态的体现都是由材料来实现的。原生态材料是自然材料的一部分，是来源于自然的。原生态材料是指具备良好的使用性能和环境协调性的材料，其中环境协调性主要是指对环境污染小，资源、能源的消耗低，可再生循环利用率高。原生态材料满足在其加工、使用乃至废弃的整个生命周期都要具备与环境的友好、共存、和谐相处的要求，很符合绿色设计理念，符合现在的发展趋势，越来越多的原生态材料运用到室内设计中。在我们的日常生活中，很多原生态材质是非常常见的，例如大部分的天然石材和木材，且石材和木材品种也很丰富。随着人们的审美和品位的变化，一些看似不会用于室内空间装饰的自然物，直接或是经过艺术的加工处理后装饰在室内，保存着原始的自然气息，通过排列组合，表现出意想不到的独特效果，充满着艺术的气息。这些材料的使用改变了人们对传统装饰材料的认识。我们身边很多对室内环境无污染的、可以营造室内空间氛围的自然物都可以被用来装饰室内空间，这样就会产生独一无二的装饰空间效果。

原生态材料是环境友好型材料，在其使用过程中不会对人类、社会和自然造成影响。在室内设计中，原生态材料不仅能满足人类所需的功能性，更注重的是原生态材料的环保性和可持续发展。这是传统材料无法比拟的，人们在传统材料的开发和生产过程中耗费了大量的能源和资源，给环境造成了很大的破坏，危害人类的发展。而原生态材料的安全、节能、可再生、可循环利用特性很符合人与自然和谐共处的理念，人们开始关注原生态材料，更多地去开发利用原生态材料，传统材料由于其劣性会慢慢被淘汰。原生态材料将会是未来材料发展的趋势，是人类社会发展的需要。

二、原生态材料在界面装饰中的运用

现今，人们的物质条件越来越丰富，在建筑的基本框架下，人们都会对室内空间界面进行不同程度的装饰，室内装饰的体现大部分是由界面装饰来呈现的，所以对界面的设计装饰就成了室内设计中最为主要的一部分。室内界面是由地面、墙面、顶面构成，我们在对界面进行装饰时，要考虑到材料本身的属性、特征和对整体空间的协调性。运用原生态材料对室内界面进行装饰时，其本身的纹理、形态、色彩都有其艺术性，表现在空间界面上充分展示了它的细节美。装饰过程中会对体量比较大的材料进行加工处理，常见的处理方式是对原生态材料的形态进行点状、片状、线状的切割，使其适合室内空间的尺寸，再通过一些施工手法将其镶嵌、悬挂到空间界面上，在处理过程中依然保持着原生态材料天然的纹理和色彩。

运用原生态材料进行室内装饰在现代社会中较为常见，原生态材料种类丰富多样，能为室内呈现不一样的风格种类，给室内带来清新活力，让原本冷冰冰、呆板的室内空间充满着自然的氛围。现代都市的人们每天都承受着各种压力，亲近自然会让人们更加放松。选择原生态材料进行室内装饰能让人们感受到大自然的气息，满足人们的心理需求。不同空间的功能属性不同，对界面的装饰处理要求会不一样，装饰中会对材料进行组合利用，组合的方式不同，会产生不同的空间效果，如重复性组合、顺序性组合、图形性组合等。下面分别描述原生态材料在地面、墙面、顶面的装饰。

顶面是室内空间中的重要组成部分，对其装饰要根据空间的高度来选择合适的材质，还要考虑到材料自身的重量，太过厚重的材料会有重力的影响，还会对空间造成压迫感，所以一般会选择比较轻薄、体量较小的材料。原生态在顶面的装饰，不同的手法会呈现不同的形态，排列的方式应尽量保持整体性，可以是连续性、重复性的排列等，有序整体性的组合方式会让人感觉舒适、平静，不会让人产生繁乱、焦虑的感觉。根据不同原生态材料的形态，对其使用方式也有多种多样，我们可以运用悬挂、粘贴等方式将原生态材料与顶面结合，产生的效果丰富多变，有独特的艺术气息。如图 5-5 所示，隈研吾设计的东京歌舞伎座的寿月堂餐厅，其顶面是用数条竹条重复性地排列组合悬挂于顶面空间，有着极强的延伸感，使视野更加开阔，使用天然的竹条让室内更加淳朴、大气、亲近大自然，仿佛置身于大自然之中，在里面就餐绝对是一件特别惬意的事情。如图 5-6 所示，非洲乌千达生态酒店的阳台，其顶面是运用大量原生态的木条复制性地排列镶嵌在顶面，透露出原生态的粗犷自然，不矫揉造作，与自然更加契合，使室内与室外融为一体，人们坐在阳台喝茶能直接观赏户外的景色，阳台的装饰材料都是原始的木材，取之于自然，与户外的自然环境完美接轨，非常协调，消除了室内与室外的界限。顶面木条排列的统一整体性强，给人强烈的视觉冲击力，让人们的视野平坦开阔，这样的环境让人感觉平静、安详，人们很满足地坐在这里静静地感受着鸟语花香，花开花落，与自然为伍。

图 5-5　东京歌舞伎座寿月堂餐厅设计（隈研吾）

图 5-6　非洲乌千达生态酒店

　　室内空间中占比例最大的是四周的墙面，墙面的装饰可以对室内风格产生直观的影响。在原生态材料中，大多数材料都可以对墙面进行装饰，但在装饰时，要注意对材质进行处理，大型的块状材料要进行片状切割，墙面是人们所能触碰到的，所以不能有过于尖锐、锋利，要进行打磨处理，以免对人们造成不必要的伤害。在材料的选择上，要注意材料的纹理和与墙面的协调性，达到视觉上的平衡和稳定，如果搭配比例不协调会使人们反感。图 5-7 为墨西哥自然生态保护区中的洞穴住宅，餐厅墙面用不同形态的天然石块切片镶嵌在墙面上，由两种石材拼接而成，一种打磨光滑平整，还有一种保留着其本来的形态，不同的形态、肌理组合在一起，丰富了室内的墙面，使室内整体散发着自然的气息。图 5-8 为澳大利亚海景住宅的书房，其墙面是运用木条进行装饰，重复有规律，使书房看起来非常的清爽雅致。

图 5-7　墨西哥自然生态保护区中的洞穴住宅

图 5-8　澳大利亚海景住宅

三、原生态材料对室内空间进行分割

原生态材料形式各异，其自身的纹理和色彩充满了艺术感。在室内空间中，空间的二次划分可以利用原生态材料独有的属性丰富室内空间，满足人们心理方面的需求，创造出质朴、自然的效果，使空间层次更加丰富。利用不同的原生态材料进行空间分割，不同的材质属性和形态特征会产生不同形式的界面分割。我们在原生态材料的选择和运用上要进行充分考虑，对一些体量较大的材料进行加工处理，要尽量保证其材料的自然美，不要破坏它的自然纹理等；在选择上要与室内搭配相协调，不能过于突兀，下面分别分析室内设计中的绝对分割、相对分割和弹性分割。

（一）室内设计中的绝对分割

室内设计中的绝对分割是指比较硬性绝对的分割，由实体界面进行空间分割的形式。绝对分割是对声音的阻隔、视线的阻挡、独立性有相当高要求的分隔，封闭性强，界限明确，有非常强的防打扰能力，保障空间内部的私密性和清净的需求。原生态材料在室内空间中进行绝对分割越来越受到人们的关注，很多是对材料进行密集排列组合，形成堆砌的效果分割室内空间；或是运用体量较大、硬度较高的材料划分室内空间。例如，木材无缝拼接形成整体的模块划分室内空间等等。运用材料特有的属性和不同的排列组合能形成不同的界面效果，细腻丰富，使室内空间充满趣味性。在现代空间中，有些只是对某一面墙运用原生态材料进行分隔，与空间中其他的界面形成鲜明的对比，营造出独特的空间气质。图5-9是某酒店客房设计，房间隔断是用长条木材拼接而成，坚实、挡光性、防干扰性较强，使用自然材质与周围的环境相互交映，形成独特的原生态气质，给人处于自然的体验。图5-10的空间中，运用了多种材料混搭，有石材、木材还有现代化的材料混凝土，其中有一处使用木材制造而成，室内围合成独立的空间，是属于绝对分割。而壁炉是由石头堆砌形成，大小不一的石头，形成天然的风格，将客厅与后方的空间分割开，但没有完全封闭，是相对分隔。在这个室内中原生态材料占了空间的主导，大面积地运用原生态材料，而且是形态、性质、色彩完全不同的材质，使室内空间层次更加丰富，不同的材质赋予室内不同的体验和视觉感受，使室内空间充满了趣味性，同时大面积的使用原生态材质使室内空间更加充满了大自然的气息，更加生动，给人强烈的亲近感。

（二）室内设计中的相对分割

相对分割是空间界限不明确，限定度较低的界面分割表现，这种分割使区域之间具有一定的通透性，没有明确的界限，使空间更加开阔，同时能保证各区域的功能完整互不侵扰，分割的形式灵活多变。其中，界面分割空间的强弱主要是由界面采用的材质、形态、大小来决定，不同的材质会达到不同的效果。在室内常用的表现手法有将原生态材料通过不同的排列组合方式形成规则或者不规则的界面形态，进行空间的相对分割；材料的表面形态和组织形式是形成界面最终效果的关键，所以对材质的选用和表现要根据空间的需要，与空间环境相协调。图5-11是深圳古稻林能量餐厅的隔断设计，运用了相同大小、不同纹理的木块不规则的堆砌而成，其中预留了不规则的空隙，产生了生动、有趣的艺术效果，成为整个空间的视觉中心，两个空间似隔而非隔，通过中间的空隙能隐约看到对面的空间，但又能保证对面的私密性，维持空气的流通。

图 5-9　原生态客房设计

图 5-10　家居设计

图 5-11　深圳古稻林能量餐厅

图 5-12 中分割空间采用了天然的树干间隔排列的形式，形成相对分割的空间，树干与树干之间的间隔使两个空间能互相联系，并没有完全遮挡视线，通透性强，但又能达到分割空间的效果。天然的树干保持着原始的形态和色泽，让人有仿佛在森林丛中的错觉，树干原始的形态在空间中体现出独特的艺术氛围。树干的粗细相差不大，保持着整体一致性，使空间看起来并不杂乱。

图 5-12　某餐厅设计

（三）室内设计中的弹性分割

弹性分割是指利用原生态材料制作成折叠式、拼装式等可以灵活活动或多变的界面隔断，其优点是可以跟随空间的需要灵活多变地移动界面的位置，使空间随之变大变小，隔开或者成为一个整体，达成人们需要的空间形式，这种分割的弹性大、灵活性强，能满足多种空间需求。最常见的像屏风、垂帘或者可移动的陈设品等，一般会选用较为轻便的原生态材料、木片等进行编织组合，都能满足弹性分割的效果。图 5-13 是原生态复古餐厅设计，空间内主要是木质材料、砖块进行装饰，就餐区域中间放置了一个屏风进行间隔，屏风只由木条组合而成，质地轻薄，可以折叠，方便屏风的移动或撤掉，使就餐空间灵活多变，方便人们最大化地使用室内空间；放置屏风能保证两侧空间的私密性，互不干扰，相互独立。若是大批人一起聚餐那就撤掉屏风，让人们更方便沟通，空间更加宽裕。屏风的两边留有足够的空间，方便人员流通，而且屏风并没有到房顶，留有很大的空间，只是挡住了底部的视线，保持了空间的通透性和空气的流通。

图 5-13　复古典雅的墨西哥餐厅

四、原生态材料形成的装饰陈设

原生态材料可以装饰室内空间作为室内的陈设品和装饰品，融合一些设计手法，能提升空间的品质氛围。室内的装饰陈设的表现样式有很多种，如顶面装饰、墙面装饰等。装饰的过程中对材料的造型手法不一，例如对原生态材料进行编织组合、有序或无序排列、较大体量材料分片截取等。有些是直接利用材料的原始形态，所形成的陈设品不同于传统的陈设品，没有过多的工业化气息，其材质的属性、肌理、色彩都是天然形成的，成就了陈设品的独一无二性，是不可复制的，不能大批量生产。原生态材料形成的装饰陈设品在室内空间中与空间是相辅相成的，所以装饰陈设的设置是要根据室内的氛围需要来设计，达到烘托室内氛围的效果。

图 5-14 是深圳古稻林能量餐厅墙面装饰，可以看出就餐区域的墙面装饰是由多个大小不一的树木截片拼贴组合在一起，用画框框起来似一幅幅自然唯美的装饰画，自然的材质与室内质朴的设计相互融合，形成一种清新自然的气息，墙面装饰体现了强烈的艺术美感。与餐厅的装修风格非常搭配，该餐厅是原生态风格餐厅，可以看出室内大多使用原生态材质，顶部装饰、墙面陈设、室内家具都使用木材，使室内自然氛围更加浓厚。图 5-15 是南非酒店的客房空间，该酒店是原生态风格酒店，内部运用了很多天然的材质。床的背景墙床边的室内陈设品都直接运用了截取局部的天然干树干，大胆直接地表现大自然的气息，极具原始风味，与室内原生态的风格完美结合。将大体量的原生态材质部分截取摆放在室内，让室内别具一番特色，原生态材质保留着其年代历史沧桑感，还有材质散发的独特气质，使室内充满着艺术感，增添了

室内的艺术气息。原生态材质的不同表现手法形成的效果、氛围就会不一样，可以多进行尝试，会给室内带来不一样的艺术效果。

图 5-14　深圳古稻林能量餐厅

图 5-15　南非酒店

第四节 绿色植物和家具的引入

人类是大自然的一部分，我们与大自然是息息相关的，每个人都希望能够亲近大自然，回到大自然的怀抱。人们现在为生活所迫，天天都忙碌地穿梭在都市之中，很少有时间去郊外感受大自然。在绿色设计理念下，绿色植物在室内中的应用起到了很大的作用，改善了我们的室内环境，降低了对大气的污染，提高了人们的生活质量，满足了人们对绿色的向往。室内的这一点绿意，满足了人们些许心理需求，具体体现在以下几个方面。

一、绿色植物的引用

（一）美化环境

绿色植物总能给人们温馨、亲切的感受，我们的室内装饰中能看到很多绿色植物的身影，它能让室内环境充满活力和生命力。室内空间大多是直线和棱角，显得有些冷漠，而植物的形态各异、色彩丰富，点缀其中，使我们的空间更加富有灵动感，装饰美化室内环境。

在餐桌、玄关柜等地方放置一些小的装饰植物，既能够烘托空间的氛围还能装点空间，使空间不会空洞、乏味。植物种类繁多，不同品种的植物有着不同的气息，用途、摆放也会不一样，要选择性在合适的空间摆放。例如，梅兰竹菊透着文人墨客的优雅气质，适宜摆在书房；在卧室摆放的植物要能使人们睡眠质量好、身心舒畅，还能净化空气，不能摆放花香特别浓郁的植物等，会影响人们的睡眠质量；开花类植物适合在色彩单一的空间，让空间更生动，适当的绿色植物装饰能让室内更加清新脱俗，起到工艺装饰品达不到的装饰效果。植物的色彩会随着四季的变迁而发生改变，在室内形成一道靓丽的风景线，让我们足不出户也能感受到季节的更替，在视觉效果上给人带来艺术享受，在这样的环境中工作、生活让人陶醉。图5-16中的绿色植物装饰在背景墙上，不仅能装饰空间，还能净化空气；不同种类颜色各异的植物拼接在一起形成一幅植物的画卷，给人强烈的视觉冲击力，形成室内独特的风景，这样的就餐氛围让人感觉十分惬意。

（二）净化空气，调节室内环境

当今大气环境质量的下降，室内也潜藏着有害气体的危害，如一些装饰材料和人们日常生活排放的有害气体。空气质量问题给人类带来了疾病，影响着人们的身体健康。绿色植物可以在室内吸收二氧化碳释放氧气，吸附空气中的灰尘，净化室内空气，调节室内空气系统达到良性循环。绿色植物还有杀菌的作用，很多植物能杀死或抑制空气中的细菌、真菌，使空气洁净卫生。室内装修后会产生有害的化学气体，这时选择一些吸收甲醛等有害气体的植物对室内空气进行清理，创造良好的空气环境。在我们的室内空间中，电子产品给我们的生活带来了方便，但是有些会产生对人体有害的辐射，我们通常会在电脑旁摆上仙人掌或者仙人球，吸收所产生的辐射，减少辐射对人体的危害。

图 5-16　绿色植物装饰

　　绿色植物还能调节室内的温度和湿度，达到人们适宜居住的环境。在炎热的夏季，阳光的照射使屋内的水汽迅速蒸发，温度升高，而绿色植物能够吸收空气中的热量，散发水分，锁住空气中的水分，从而调节室内环境。有些外墙上种植了茂密的植物，能起到遮挡的作用，外墙的温度降低，室内也能感受到阴凉。另外，居住在城市中避免不了噪音的污染，人们总是被各种噪音侵扰，例如建筑噪音、交通噪音、工业噪音等，会影响到了人们的生活作息，让人们心神不宁。室内绿色植物的使用能隔离减缓噪声污染，在室内和阳台摆放一些枝叶繁盛的绿色植物（图 5-17），能够一定程度地降低噪音的影响，起到阻挡作用，使室内更加安宁、清静。

图 5-17　阳台上的绿色植物

（三）改善空间结构

　　绿色植物能使室内室外空间自然地过渡。在室外，我们能享受到大自然的气息；进入冷漠的室内，在室内摆放绿色植物能更好地衔接室内室外空间，使室内环境更加亲切。在有些拐角处、角落、功能分区衔接的地方摆放绿色植物，既美观又能自然地过渡。绿色植物还能起到延伸空间的作用，比如，在酒店大堂门口摆放绿色植物，能感受到室内室外的一体性，延伸了室内空间；阳台种植绿色植物，把房屋的边界弱化，使室内室外融为一体，使视野更加开阔；有些酒店大堂，商场的中庭种植高大的绿色植物，使各个楼层之间相互联系，开阔的视野延伸了空间感。

　　室内利用绿色植物可以分隔空间，绿色植物可以替代隔断的作用，环保又美观。运用植物分隔是相对性的分隔，植物特有的形态特征，能保证空间的通透性和私密性，还赏心悦目。例如，在餐厅为了分隔相邻的就餐区域，在中间摆放绿色植物使空间隔开，这样不仅保证了各区域的私密性，又避免了空间太过封闭，还维持了空间的流通性，人们在就餐的同时还能观赏植物保持愉悦的心情，绿色植物还能散发出清香，为人们提供清新雅致的就餐环境。在室内空间设计中，为了保持室内的通透性，很多区域都采用这个手法。在酒店大堂中就会使用这个手法，酒店大堂需要同时满足很多功能区域于一体，又要保证其大气和一览无余的开阔视野，所以如果运用硬隔断将有些功能区域分隔开，会使酒店大堂菱角过多，浪费室内空间。例如，将大堂休息区与其他区域分开，运用绿色植物能使室内更加通透，又区分了室内的功能区域，还能增加大堂的美观性，为室内增添了一份绿意。另外，室内绿色植物的使用，在不经意间起到了指示和引导的作用，绿色植物装饰性很强，在室内很容易引起人们的注意，如果加以设计搭配，必定会成为焦点。例如，在门口和拐角处摆放绿色植物，能够引导人们的交通路线，含蓄地指向某个区域。

（四）维持身心健康

现在人们的生活节奏过快，在工作空间下人们只是冷冰冰地跟机器打交道，室内过于单调和冷漠。在屋内摆放几盆植物，室内空间立马变得活泼起来，充满了生命力，让心情变得愉悦，拉近人们之间的距离感，增进人们之间的互动与交流；绿色植物的形态生动，能打破室内直的线条，让室内更加柔和、温馨。

绿色植物是大自然的产物，人们都本能地向往大自然，绿色植物让我们有一种亲近感，缓解人们的压力，仿佛置身于大自然之中。在居住空间也少不了绿色植物的身影，人们在强大的社会压力下，急需一个舒适、安静的地方放松身心。绿色植物进入我们的住宅，不仅能装饰室内空间，调节家居氛围，为人们营造轻松、欢快的环境，还能调节室内的温度、湿度、吸收有害气体等，保持一个健康的室内环境，维持人们的身心健康。在室内，人们都会种植一些绿色植物，我们在对绿色植物进行打理和养护的过程中也能平静心态、陶冶情操；我们对绿色植物进行养护使绿色植物茁壮的生长，能给人心理满足感，促进心理健康发展。此外，绿色植物还能保护我们的视力，在日常生活中我们频繁地用眼，会造成眼睛疲劳，视力迅速下降，在休息的时候多看看绿色植物能缓解眼睛的疲劳。我们在工作的电脑旁边放上一盆植物，眼睛累了多看看绿色植物，既能调节眼睛疲劳还能防辐射。

二、绿色家具的引用

绿色设计理念下家具的设计也开始考虑维持生态平衡，不污染环境。家具是室内必不可少的一部分，人们在室内工作生活，家具是最主要的媒介，它让室内的环境和氛围更加浓郁，所以家具是室内的重要组成部分。现在人们的生活水平提高，室内设计也随之发展起来，近几年发展相当迅速，一些相关的产业也带动起来，但发展参差不齐。而家具作为室内中的必需品，人们对家具的要求也越来越高，不仅要考虑家具的实用性、人性化，还要考虑家具对环境的影响，其中包括室内环境和我们生存的大环境。然而，很多家具的质量都不过关，大量使用不环保的材料，释放有害物质，使我们的室内环境受到了威胁，严重危害了人们的健康。另外，传统家具大量使用不可再生资源，并没有考虑到环境的破坏、资源的锐减，反而有些越是稀缺的材料往往越受到人们的追捧，人们错误的价值观导致很多不可再生资源濒临灭绝，破坏了生态的平衡。绿色家具是指在其生产、使用和废弃的过程中，保证其使用功能的情况下不对环境造成危害，要节约资源、能源，保护环境，维持生态平衡。绿色家具的设计理念是要考虑产品生命的全周期的，不仅仅只关注生产和使用，还有产品的售后服务、后期维护乃至最后的废弃处理回收重新利用阶段，从各个阶段杜绝对环境的污染、资源的消耗。相比较而言，传统的家具只是考虑生产和使用的环节，从环境中不断地索取所需的资源，根本没有考虑到生态环境的效应，只是一味地追求商业利益。而且为了产生更多的商业利益，有些产品制造的质量不达标，使用周期严重缩短，人们不得不重新购买新产品，形成恶性循环，资源还没有被完全利用就不得不废弃，导致了大量资源能源的浪费。这种设计理念由于环境的压力已经慢慢地不能再适用，而绿色家具设计理念将是未来发展的趋势，最终实现绿色家具与人、环境和谐发展。

绿色家具满足以人为本的设计理念，是指满足人类整体的利益。绿色家具设计是从人类整体利益出发，是为整个人类服务的，既满足眼前当代人的利益，又能保证长远的后代人们利益的发展，为子孙后代谋福利；既能满足人们自身社会的发展，又不影响环境平衡的发展，为人类的发展、环境的保护做出贡献。现在绿色家具中运用原生态材料来制造家具很常见，有些是以自然物的原形加以艺术的处理手法直接制造成具有自然气息的绿色家具。

在家具制造中，运用较多的原生态材料是竹材、木材、藤等。

竹材是可再生资源，竹材的再生周期短，比同类型的材料更占优势，它生长迅速、产量高、生长周期短、高大挺拔、柔韧性和强度极好，我国的竹林占地面积广，每年都有相当多的竹材被砍伐用于人们的生活，减少了木材的使用。竹子繁殖快、生产周期短的可再生特性，非常符合作为绿色家具制造的原材料，能维持自然的平衡发展。除此之外，竹子天然的纹理和四季常青的色泽都充满着自然的美感，从古至今都受到人们的青睐，竹子所透露的气质被人们所称赞，用清高、坚贞来形容它所内涵的人文气质，具有浓厚的文化意义。而且竹材的大量使用能减少劣质材料的运用，就能减少有害气体的排放，有利于降低有害物质在室内对人们的身体健康造成的危害。

木材是家具中运用最多的材料，木材可再生、可降解是绿色家具制作不错的选择，木材施工方便、易于加工，在家具设计中广泛运用，不同的木材其自身的纹理、色泽、质地都不一样，所形成的家具也会产生不一样的效果。木材本身就是大自然的杰作，产生了天然的纹理和色泽。早在明清时期，人们将木材运用到了极致，明清时期的木制家具不仅充分展现了木材的材料美，还将结构美发挥到炉火纯青，将各种木材的美展现得淋漓尽致。现代的木质家具大多是以简单实用为主。

藤是指植物的匍匐茎或攀缘茎，也是可再生、可降解的材质，且再生能力强，生长迅速，不会污染环境。在古代就开始用藤编织成家具，例如席，慢慢地由于工艺水平的提高，开始制作藤椅、藤床、屏风、装饰品等等，由于藤的属性，藤制成的家具透气性强，质感清爽，夏天很多人都喜欢用藤制家具。藤制成的家具密实、牢固又轻便，易成形，便于加工和造型，非常耐用，使用周期长，避免了快速地更新换代造成的废弃物，减少了对环境造成的压力。藤制家具造型富有艺术性，摆放在室内给室内带来清新自然、幽雅恬静的氛围气息。

不同材质的运用，给室内带来不一样的氛围，下面分别从实用家具、灯具来分析绿色家具在室内设计中的运用。

（一）实用性家具

实用性家具是指有具体实在的使用功能的家具，比如床、桌椅、柜子、沙发等，这些家具是满足人们在室内进行生产生活的必需品，让人们在室内的生活变得更加方便舒适。它们是人们在生活中接触最多的物品，所以在家具的设计过程中要考虑到它的美观适用性、功能性，作为绿色家具还要考虑它的耐用性、人性化设计和家具自身的环保性。家具不仅能满足其实用功能，还能作为表现艺术的一种载体，让人们在设计的过程中放飞思绪、天马行空，表达设计者的情感态度、设计美感、对生活的态度，让家具形式更加多样化，丰富人们的生活。人们一般会选择本身比较坚固、结构比较稳定的材料来制作家具，例如木材、竹材、藤等环保材料，或是将其搭配在一起使用。图5-18中餐桌是将原有木材的形态保留，表面进行了打磨，呈现出天然的流线型，使室内更加活泼、生动，餐桌保留了木材最朴实、自然的一面，给人们亲切舒适的感受，将实用性与艺术美观性完美的结合。而且保留材料最原始的模样，大大减少了对材料的加工，节省了人力物力，节约了资源能源，既保证了家具的功能和美感，又把对环境的破坏降到最低，真正做到与自然和谐相处。

图 5-18 木材餐桌

　　图 5-19 是一款由竹材设计的"气泡沙发"，是设计师 yu-jui（kevin）chou 和手工艺者 su-jensu 合作完成的，这款沙发牢固的结构是由 999 个手工编制的竹球组成，其间用金属环和橡胶构件连接起来。这款沙发将台湾传统的手工艺和现代设计手法结合在一起，材质是最普通的竹材，通过独特的编织工艺，完美地呈现了材料美感，这种材质结合传统工艺使材质更加耐用，经久不衰。竹材具有清凉的特性，夏天使用这款家具最适合不过了，加上竹球的透气性，人们坐上去更加凉爽。普通的竹材通过一些艺术的表现手法，融合传统的手工艺技术，加上设计者的设计美感，使竹材发挥了最大的价值，充满了艺术的美感。人们的这种设计手法，既能表现设计者的设计意图和形式美感，还能传承古老的手工艺技术，保护了传统手工艺不被遗失，值得人们借鉴学习。所以，利用普通环保的材质也能设计出符合人们需要、符合生态发展、设计感十足的家具。人们应当摒弃对环境有害的材料，多去开发利用环保材料，让人们的生活环境更加美好。

图 5-19　气泡沙发

　　藤是自然界的产物，用藤来作为家具的材料，它有很高的环保性和使用安全性，不会对环境造成危害。藤质地牢固，易成形，藤制家具花纹多变，可根据编织的需要来决定纹理走向。绿色家具理念下的藤制家具，不论是在设计上还是在材料的选择上都更加注重对环境的影响和对人性化因素的考虑。图 5-20 是 Kenneth Cobonpue 品牌设计的藤制单人沙发，是藤条编织而成，座位上加设了布艺软垫，符合人性化的设计。传统意义上的沙发是庞大沉重的，而这款沙发质地轻盈、透气性强、形态柔和舒服，充满着大自然的气息，坐上去让人感觉特别放松。如果把坐垫去掉，由于底座是悬空的，人坐上去后藤条会随着人的重力而向下冲，会随着人的身体形态和姿势的变化而变化，不会觉得过硬而不舒服。底部是悬空的，所以人的腿和脚可以随意地摆放，可以放到座椅下面，甚至可以把脚搭到扶手上，舒适随意，而传统家具很难这么随性。家中喜欢养宠物的家庭，沙发的造型正适合宠物在地下休息玩耍，藤条的质地牢固结实，不用担心会被宠物破坏。

　　藤编历史悠久，近几年，由于绿色设计和回归自然思潮的兴起，藤制家具越来越受到现代人们的青睐。在设计过程中将藤编的传统手工艺和现代人的审美和设计思维相结合，让古老的藤编工艺在现代生活中展现了新的生机活力。藤制家具纯天然的材质特性给人亲切、安心的心理感受，是现在不放心材料家具市场的一股清流，不会释放任何有害的气体；藤制材料纯天然的质感、肌理效果保留了最原始的自然的味道，让室内充满了大自然的味道；藤材的长短、厚薄、粗细有很大的弹性空间，可以随着设计需要的变化而变化，所以藤制家具的形态变化无穷，给设计师无限想象和发挥的空间；藤制家具中所融合的手工工艺，体现了现代人对传统手工艺的尊崇和向往，比普通家具中规中矩的形态更加的柔和、亲切，手工艺编织更是增添了人情味，让人感觉更加温暖。以上分析的实用性绿色家具不同的材质形态给室内不一样的体验效果，但都是对环境无公害的、美观、实用的绿色家具。

图 5-20　藤制单人沙发

（二）灯具

　　室内中的灯具是室内空间功能完整必不可少的一部分，灯具能在室内光线不够的情况下提供光亮，为人们的生产生活提供方便，部分辅助灯光还能装饰丰富室内空间氛围。室内的灯具按照明方式不同进行分类，可分为顶面的吊灯、吸顶灯、筒灯等，地面的落地灯和地灯，桌面的台灯，墙面的壁灯。不同的灯种有不同的使用功能，灯光的效果也不一样，根据室内的需要进行安装设置。现在灯具除了方便照明外，由于人们审美观念的提高，对室内品味、生活质量的追求，现在的灯具慢慢要求其有较强的装饰性，与其说是灯具，更像是一个陈设品展示在空间中，因此灯具的造型设计越来越丰富。绿色设计理念下的灯具，要求其电光源（灯泡、灯管）要节能，以减少能源的消耗；灯体的制作材质尽量耐用环保，减少不停地更换，节约资源；灯罩使用环保材料，达到美观、实用与保护生态为一体。在绿色设计理念的前提下，现在很多原生态材料运用到灯具的制作中，配合内部的发光体，使原生态材质更加多姿多彩，使灯具充满了艺术气质，成为空间中的聚焦点。下面分析的灯具是原生态材料运用下的灯具效果。

用木材制作成灯具在现在室内非常普遍，图5-21是用原生态的树枝制作成的灯具，一般会选用体量较小，重量较轻的干树枝，以免顶面承受不了造成安全隐患。在树枝上悬挂电线灯泡，一个简单又充满艺术感的树枝灯就形成了，这个灯具给室内增添了原生态的气息，树枝充满着岁月沧桑感，又能解决室内照明。干树枝参差不齐，蜿蜒生长，给室内添加了生命活力，造型完全使用原有形态，减少了灯具加工需要的人力物力，减轻了对环境的负担。而树枝的造型是不加雕琢最美的自然界的产物，用于灯具的制作使灯具充满了艺术感，其独特的气质是传统的工业化的灯具无法比拟的，也是独一无二的。

图5-21　树枝灯具

　　藤制灯具其灯罩是用藤条编制而成，结合传统的手工艺，透露着清新淳朴的自然风，很适合原生态的空间设计。图 5-22 是原生态的餐厅，餐厅顶部的灯具设计原生态的藤编灯具，灯罩是由传统手工艺加上现代的审美编织而成，编织工艺不同会形成不同形态的灯罩形态。图中的灯具是由多个一样大小的藤制灯具不规则的高低排列组合在一起，高低错落有致，形成跳跃的视觉感受；藤编材质使室内充满着原始古朴的感觉，在室内仿佛有种置身于大自然的错觉，藤编材质给人感觉非常亲切。藤编灯罩的编织工艺让灯罩留有镂空，里面的灯光通过镂空照射出来，给人温馨的感觉，暖色的光源让就餐环境更加温暖人心。图 5-23 是现代极简风格的竹编灯具，灯具造型呈现简单的几何形，结合原生态的竹材，易于造型。图中的落地灯灯罩是根据灯笼的形态被简化、现代化提取设计出来，光源可以通过竹篾之间的间隔照射出，既包含了传统的手工艺，又结合了现代的设计理念，使竹制灯具集装饰与照明于一体，既环保又美观。现代人们生活繁忙，压力大，通过竹制灯具能让室内环境更加接近自然，营造轻松、舒适的空间氛围；灯具的造型简单大方，很适合让现在的都市人心情放松。

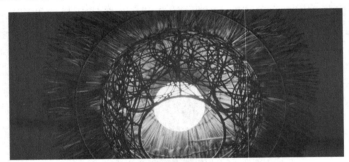

图 5-22　藤编灯具

图 5-23　竹编灯具

第六章　绿色生态在室内设计中应用的实例分析

第一节　长城脚下的公社——竹屋

一、项目介绍

　　长城脚下的公社，是由 SOHO 中国有限公司投资，邀请亚洲地区 12 位著名建筑师设计建造的世界前卫建筑工程项目，本项目坐落于中国长城脚下美丽的山谷里。竹屋是其中的一栋独栋别墅，是由日本建筑师隈研吾设计的。这座建筑建在长城脚下的一条山沟上，设计师充分利用了独特的地形和地势的绵延起伏。设计师根据地势将建筑依附于起伏的山脊线之上，所以呈现出有一部分在山脊之上，一部分在山脊之下，不破坏当地的自然景观，与当地的自然环境融为一体。图 6-1 是竹屋的外观，不管任何季节建筑都能与环境融为一体，不会从周围环境中孤立，每个季节都有其独特的风韵。竹屋处理好了人、建筑、环境之间的关系，下面从以下几个方面来分析竹屋的绿色设计理念。

图 6-1　竹屋

二、绿色建筑空间设计

竹屋依附于山脊之上，整体充分结合地形，建筑的界面多用竹子和玻璃，玻璃的通透性加上竹子之间的缝隙，让室内空间非常明亮通透。透过玻璃窗，室外的景色就映入眼帘，室内（图6-2）与室外的景色融为一体。竹屋共有两层，功能齐全。室内有六间卧室，有开放式的厨房，两个客厅相互连接、互通，室内空间没有局限更加畅通。厨房与餐厅相互连接，之间用竹子间隔排列作为隔断，既能分隔空间，又能增加室内的美观性和通透性。竹屋内除了私密性强的空间如卧室等比较封闭，其他的空间大多相互连接，视野开阔。

图6-2 竹屋屋内设计

三、环保材料分析

竹屋整体大量使用竹材，竹材是可再生材料，耐用、美观，是很好的环保性材料。竹材的再生周期短，韧性、可塑性强，比同类型的材料更加适用于组建建筑的空间形式。竹材是自然的产物，文化内涵历史悠久，在古代是岁寒三友之一，象征着高雅、虚心、有气节的高贵品质，用于表现建筑有着独特的中国风味，长城是中国的象征，建在长城底下，再合适不过，让竹屋更具有重要意义。竹屋外立面是用竹材包围起来的，而竹材本身就是自然的产物，有着亲切的亲和力，其表面的纹理和色泽浑然天成，与房屋周围的环境非常融洽，没有一点违和感，像是大自然中生长出来的建筑。在室内用竹子作为隔断分隔空间，在顶面和各个界面装饰、运用，既环保美观实用，又减少了其他不环保建筑材料的运用，减轻了环境的负担。在室内使用竹材，使室内和室外联系更加密切，使室内也充满了大自然的味道。

室内的茶室是整个房屋的亮点。如图6-3所示，茶室的六个面都是用竹子围合而成，纤细的竹子排列组合在一起，其间的缝隙能让阳光透进来，四周的墙面留着两个大门洞，在山间伴随着清爽的风和从竹缝中洒进的阳光，与大自然为伍，在茶室中仿佛置身于一片竹林，在这样的茶室中喝着茶，

放眼望远处的山色，心中所有的杂念都灰飞烟灭。茶室悬在一个方形的水池上，通过一条石桥与外界相连，让茶室更具有禅意，清新雅致，遗世独立，四周的水池使茶室更具意境，夏天在茶室中也会更加清凉，达到降温的作用。茶室四周的竹墙，顺序排列，形成的通透的竹墙不仅能为茶室提供隐秘性，还能透过通透的竹墙远眺四周的景色，竹材形成的竹墙，也形成了一道靓丽的风景线，充分发挥了竹材的特性。

　　室内的地面选用石材（图6-4）和木材，与整体材质搭配十分的协调，木材也是可再生材料，纹理清新自然，易于加工，在卧室中铺设木地板，舒适耐用。室内地面大部分运用石材，石材坚硬耐磨，是从大自然中的石材加工

图6-3　茶室

而成，表面经过加工打磨但并不是非常光滑，保证一定的摩擦力，铺设在地面上，非常经久耐用。而且这里选用的石材颜色淡雅，深浅不一，但是大体保持着灰色的主色调，让室内整体色调统一和谐，不会喧宾夺主；石材肌理朴素，与室内材质、室外环境搭配非常融洽，像是在这山上提取出来的一样。

图6-4　地面材质

四、室内家具、陈设分析

在竹屋内竹子作为界面装饰，家具（图6-5）、软装、陈设中到处都能看见竹子的身影。竹屋内还有餐厅、茶室、客厅中的藤制家具，藤是环保可再生材料，可塑性好，耐用、结实、易造型，竹屋的藤制家具造型丰富，样式多变，结合了传统的编织工艺，让藤制家具更加充满人情味。藤作为自然界的产物，摆放在室内，非常亲近自然，让室内充满了田园风，与位于长城山谷里的竹屋非常搭配。室内中还有木质家具和竹席等，卧室床尾的木桌保留了木材自然的纹理、形态，没有过多的打磨加工，体现了木材独有的特性，为室内增添了一份大自然的气息。这些家具不仅具有实用性，其美观性也让其成了竹屋室内空间中必不可少的一部分。竹屋内的制作材料都是生态环保的绿色材料，无污染，有利于循环利用，与周围的环境相处更加融洽。

图6-5　家具

室内软装主要是以暖色系为主，室内非常温馨、优雅。布艺以棉麻为主，棉麻制作过程绿色天然，健康环保，冬暖夏凉；与家具的环保特性非常搭配，清新自然，既环保又美观舒适。室内还大量地运用了植物装饰，在室内就能感受到大自然的魅力，让室外的景色延续到室内。餐桌、茶几、房间转角、角落都能看到植物的身影，不仅能装饰空间，净化室内空气，调节室内空气环境，对人们的生理心理健康也有不小的影响。人们本能地喜欢亲近自然，室内摆放植物能让人们心情愉悦、充满活力，一整天都神清气爽。整个室内空间简洁大方，没有一点多余的装饰，空间通透宽敞，视野开阔，在室内让人感觉心旷神怡。

五、室内物理环境分析

竹屋室内的光环境（图6-6）方面。竹屋界面大量地运用竹材和玻璃，让室内有充足的采光，白天光线通过竹墙的缝隙和玻璃照射进室内，阳光丰富，充分利用光源，减少了人造光的投入，节约资源能源。光线的照射还能塑造室内和物体的轮廓，让色彩更加丰富。阳光的照射使竹屋室内的物体更加立体，颜色更加通透，让室内的颜色丰富多彩，充满着温度。阳光造成的光影效果，更是给室内增添了一道移动的风景线，让室内氛围更加充满动感，更加活跃。竹屋中大量使用环保材料，不会排放对人体有害的气体；室内空间结构开阔，减少绝对分隔，利用竹子作为隔断，大大增加了室内空气的流通性，空气流通更加通畅。室内的通风口大，数量多，在夏天打开门窗自然通风，非常舒爽。竹屋运用了大量的竹材，使自然通风空气中好像都伴随着一股竹子的清香。特别是加上竹屋深处大山之中，空气品质好，室内良好的通风环境能让室外空气流入室内。竹屋大面积地使用竹材，使室内冬暖夏凉，而且还能吸湿、吸热，能维持室内良好的热环境，室内良好的通风也能帮助室内散热，有利于空气循环。客厅中有一面墙是鸭绒垫制成，能有效地保温隔热，无论是酷暑还是严寒都能将其隔离在室外。茶室悬在水池上，水体能够调节室内的温度和湿度，在夏天的时候有利于室内的降温，给室内增添一丝凉意，增加室内的湿度，让室内空气中的水分不那么容易蒸发；室内绿色植物的运用也能调节室内的温湿度，舒缓人的心情，让室内有一个良好的热环境。

图6-6　光环境

第二节　浙江东阳凤凰谷天澜酒店木结构度假别墅

一、项目介绍

在浙江东阳歌山凤凰谷山峦起伏的如画旅游风景区中，坐落着一片木结构度假别墅，仿佛从山林中自然生长出来一样。别墅为东阳凤凰谷天澜酒店的二期（图6-7）。

图6-7　俯瞰图

二、木制结构设计

在着手开发二期之初，设计师就将木结构列为规划重点，并最终选择了加拿大木业提供的来自加拿大合法林区的各种木材，作为别墅搭建的主要材料，选择木制结构有以下三个方面的原因。

（1）别墅身处绿水青山的环抱中，酒店业主希望别墅在材料上可以自然地融入当地环境（图6-8）。木本身就生长于土地，相对于传统的砖混结构或钢结构别墅，木结构别墅更能与环境对话，生动诠释凤凰谷的宁静优美。

（2）作为旅游度假居所的别墅，业主希望用建筑本身的乐活自然之感，带给居住者不同的旅居体验。人们喜爱木头、亲近木头是天生的，且木材是会呼吸的材料，能够自动调节室内温湿度，居住其中，体感天然舒适。

（3）出于非常实际的经济考量——木结构建筑自身的特点，决定了它搭建方便、快速、灵活。实际上，别墅三栋样板房从设计到建造完成仅用时三个月，这是使用其他材料不可能完成的任务。

图 6-8　木结构建筑融入自然环境

　　项目结合场地的特点，依次设计了中式、日式、美式三种不同风格的木结构别墅，期望通过设计赋予木材不同的性格，也造就木材、别墅与周边环境的对话。确定了建筑概念以后，就开始了对具体的木结构形式的选择，最终，三栋别墅的主体结构采用了北美花旗松胶合木（Douglas Fir Glulam）梁柱式结构与云杉—松—冷杉（SPF）轻型木结构的混合结构体系。

　　胶合木梁柱结构的承重构件——梁和柱采用胶合木制作而成，并用金属连接件连接，组成共同受力的梁柱结构体系。由于梁柱式木结构抗侧刚度小，因此柱间通常需要加设支撑或剪力墙，以抵抗侧向荷载作用。胶合木梁柱结构赋予了别墅开阔舒适的会客和公用空间，为室内和室外的对话提供有趣的界面（图 6-9）。

图 6-9　胶合木连接室内外

而轻型木结构在这一别墅项目中，则应用于相对私密的生活空间（图 6-10），舒适度高而且分隔灵活。轻型木结构主要采用规格材、木基结构板材或石膏板制作的木构架墙体、木楼盖和木屋盖系统。轻型木结构构件之间的连接主要采用钉连接，部分构件之间也采用金属齿板连接和专用金属连接件连接。轻型木结构具有施工简便、材料成本低、抗震性能好的优点。

图 6-10　室内采用轻型木制结构

装配式木结构建筑，在工厂可将基本单元制作成预制板式组件或预制空间组件，也可将整栋建筑进行整体制作或分段预制，再运输到现场后，与基础连接或分段安装建造。在工厂制作的基本单元，也可将保温材料、通风设备、水电设备和基本装饰装修一并安装到预制单元内，装配化程度很高。胶合木构件和轻型木结构均可以采用预制加工，实现更高的预制率和装配率。

其中，轻型木结构的预制基本单元主要有以下几类。

（1）预制墙板：根据房间墙面大小将一片墙进行整体预制或分块预制成板式组件。预制墙板也分为承重墙体或非承重的隔墙。

（2）预制楼面板和预制屋面板：根据楼面或屋面的大小，将楼面搁栅或屋面椽条与覆面板进行整体连接，并预制成板式组件。

（3）预制屋面系统：根据屋面结构形式，将屋面板、屋面桁架、保温材料和吊顶进行整体预制，组成预制空间组件。

（4）预制空间单元：根据设计要求，将整栋木结构建筑划分为几个不同的空间单元，每个单元由墙体、楼盖或屋盖共同构成具有一定建筑功能的六面体空间体系。

从建筑面积最大的 A 户型剖面图（图 6-11）不难看出，在现代木结构中，通过合理的设计和构造，加以借助现代的技术手段，可以扬长避短地发挥木材的特点和优势。例如，专业防护、高温碳化处理、防火石膏板和消防设备等，这些都可以很好地解决人们对木材普遍的担忧。"易腐""易燃""不牢固"等，这在度假别墅所处的山区环境尤其重要。

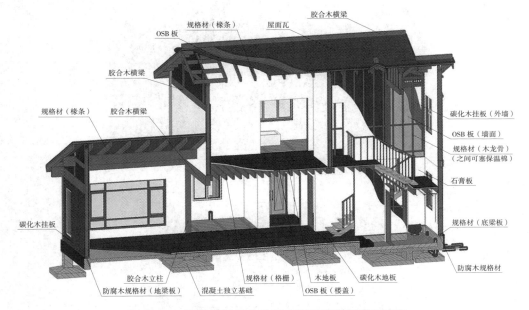

图 6-11　浙江凤凰谷 A 户型木结构度假别墅剖面图

此外，木结构保温节能，长期使用有着长尾的经济效应。木材是优良的隔热材料，其热阻值是钢材的 400 倍，是混凝土或砖的 10 倍。在房屋使用过程中，环境条件相同的情况下，木结构房屋的能耗比混凝土房屋低 20% 以上；相同墙体厚度，木结构墙体的保温性能是混凝土的 7 倍以上；且木构件质量轻，相同体量的构件木结构只有钢筋混凝土结构的 1/4 到 1/6 的重量，这对山居主题的度假酒店来说尤其重要，因为不会涉及过重的垂直运输负担；搭建快意味着可以快速投入使用，经济回本快。

一、A 户型

A 户型（图 6-12）是其中建筑面积最大的一栋，建筑面积约 215 平方米，局部两层，位于用地最西侧，所在位置正好有一方原生的水塘，于是设计便只对水塘的局部一小块做了堆填，以便在放置别墅的基础上，尽可能保留水塘原来的样子。对于建设场地周边的很多原生植被以及天然景观，设计师都一一做了标记并给予尽可能的保护与尊重（图 6-13）。

图 6-12　A 户型外观

图 6-13　庭院与室内空间形成对话

　　A 户型为了营造东方的意境，特地在室内采用了大量高温碳化处理的黄桦木（yellow birch），黄桦木细腻的纹理经过高温炉火的锤炼，透出自然的光泽和稳定耐久的性格。

二、B 户型

　　B 户型（图 6-14）也是一栋局部两层的别墅，主体结构形式和 A 户型保持一致，利用胶合木框架结构和轻型木结构的混合结构形式，打造了和式风格的田园方寸。建筑面积比 A 户型略小，约 160 平方米。

图 6-14 B 户型外观

室内通过浅色的加拿大枫木，营造出自然而不造作的和式屋院（图 6-15）。

图 6-15 室内设计

除了木材的合理使用，在屋面瓦材的选择上，专门从日本进口了精美的烧制陶土和瓦。每当山间细雨朦胧，看着雨滴从陶瓦落下也是木别墅的别样体验（图 6-16）。

图 6-16   日式庭院

三、C 户型

C 户型（图 6-17）相对于 A 户型和 B 户型而言，小巧而轻松，是一栋建筑面积约 98 平方米的单层别墅。各种不同产地和质地的木材在这里打造美式惬意。结构上基本采用胶合木框架结构与轻型木结构填充墙体。

图 6-17   C 户型外观

值得一提的是屋面瓦材的选择，项目选择了来自加拿大的西部红柏实木瓦材（图 6-18），西部红柏是一种天然耐腐且尺寸稳定性非常好的木材，在北美很多百年以上的土著图腾都是采用这种材料雕刻而成。因为屋面受到阳光的照射，紫外线会让木材发生老化而变成得灰白，犹如被岁月染霜的黑发，这种自然形成的斑驳和对时光的记忆，也是别墅希望能够带给居住者的一种关于生命、自然的体悟。

图 6-18　加拿大红柏实木瓦材

歌山凤凰谷木结构别墅，可以说是"环保可再生，设计可持续"这句话的绝佳演绎。别墅所用所有木材来自于加拿大木业的合法林区，这些林区都严格遵循可持续发展策略，每一根材料从出厂到最后环节都可以有源可溯；木结构最初来自一颗小树苗，小树苗生长过程中大量吸收二氧化碳，放出氧气，每使用 $1m^3$ 的木材相当于固碳 1 吨，所以木结构本身就是一种负碳材料；木结构建筑在其生命周期的终章依然不会被浪费，90% 建筑材料可以被循环利用，用作其他建筑材料或者作为能源燃烧。

可以说，木材的一生，与度假别墅想要讲述的亲近自然、认识自然的诉求完美契合，既有东方建筑的哲性美学，又有北美木构的舒适性能。登上别墅后山的木质观鸟亭（图 6-19），听鸟儿与木头在凤凰谷的青山绿水间，生动轻柔地吟唱一曲关于自然的现代诗歌。

图 6-19　木结构观鸟亭

第三节　匈牙利乡村别墅

一、项目介绍

为传统建筑打造现代化的外壳是非常常见的。在一些传统建筑的改造案例中，设计师往往注重现代化住宅的打造而忽视了对传统价值观的保留。在该位于匈牙利的项目中，设计师既保留了传统价值观，又满足了当代人的居住需求。该项目一举获得建筑传媒大奖，是当代生活与传统建筑相融的优秀案例。该项目为一栋位于匈牙利平原上 Algyő 乡村中的老式住宅。设计师选用典型匈牙利农场建筑的十字形布局，以当代设计手法，对该住宅进行重新修建。随着农作环境的转变，场地环境正经历着急剧的居住人口数量削减。因此，该项目以维持传统居住形式为主要目的，并通过改造使住宅满足当代生活需求。

二、建筑空间分析

该别墅外部种植了许多树木，显得环境十分幽静（图 6-20）。交错布局的三侧建筑为住宅形成一个中央庭院（图 6-21），环绕四周的金合欢树林，让中央庭院更显居住生活的亲密与舒适。一些老旧过时的农场建筑空间被移除，取而代之的是更加现代化的生活区域。庭院中间有高地相错的户外平台，让视野更加开阔（图 6-22）。

原建筑中用于储备玉米和安置家畜的房间被改造成为车库（图 6-23）；原建筑中的一处拐角空间的四壁被移除，保留的屋顶与四周建筑共同形成了一处半室外的休闲空间（图 6-24）。

图 6-20　建筑外貌

图 6-21　中央庭院

图 6-22　户外平台

图 6-23　车库

图 6-24　休闲空间

　　对于往返于繁闹的布达佩斯都市与乡村环境之中的住宅所有者来说，这栋改造后的住宅不仅为他们提供了当代生活的一切所需，也为居住在此的一家人提供了一处逃离喧嚣的静谧处所。建筑的室外空间包含一处水池和高低相错的户外平台。设计师在全木质的建筑外插入了一个纯白色的盒子，并将其打造成为一间书房（图 6-25）。这个白色盒子象征着更加现代化的生活方式，它深入景观环境之中，为居住者带来更加安静的阅读和休闲体验。

图 6-25　书房

　　住宅内部各空间的改造依然遵循了建筑的传统价值观。其内部各功能区采取分开布局，但又和谐共融于舒适的整体空间内。除分离于一侧的车库外，住宅内部的卧室（图 6-26）和起居室也采用分开布局的方式，并通过户外庭院和半室外凉亭获得连接。客厅与中央庭院对视，书房与其他建筑之间也有走廊相连接（图 6-27），改栋建筑的夜景十分漂亮（图 6-28）。

图 6-26　卧室

图 6-27　书房与其他建筑之间的走廊

图 6-28　夜景

该栋现代化的农场建筑既复古又现代，不仅满足了当代居住需求，又实现了业主对于居住环境传统价值观的渴求。

三、室内家具、陈设分析

该栋建筑外观全部才用木材建成，地板也是木制的（图 6-29），除了浴室（图 6-30）用的是防水的大理石建筑，其他空间，如书房（图 6-31）、卧室（图 6-32）和厨房（图 6-33）等大都才用木制品装饰，风格统一。同时，木制品也是很环保的材料。

图 6-29　房屋内部的地板

图 6-30　浴室

图 6-31 书房

图 6-32 卧室

图 6-33 厨房

首先,实用木材是可循环的材料,它同时也是可再生的。因此,它相比其他材料而言,如经石油提炼的化学合成材料,更具有环保的特点。美国硬木是可以自然持续再生长的,它对于生态环境的破坏非常小。

其次,木材可以吸收并储存碳。成长中的树木需要吸收二氧化碳,树木超过50%的干物质由碳组成。因此,将木材生产成板材、窗框、家具、门等木质产品可以帮助吸收大气中的二氧化碳,同时缓解全球变暖的危机。通过木材的持续再生长对碳的吸收,欧洲硬木森林对环境做出了巨大贡献。

最后,生产加工木材的能耗很低。在木材的生产加工过程中,消耗的能量也比其他材料更少。数据显示,生产一千克的干燥木材的能量只需要生产相同数量的混凝土的一半。相比其他材料如钢、塑料、铝,木材的生产耗能则更少。

四、室内物理环境分析

该栋建筑室内的光环境方面,设计师利用原建筑的传统屋顶,并试图以最简单的平面布局手法,打造出开放、温暖又怡人的居住氛围。此次改造几乎完全遵循了原建筑的布局方向,但其各组成部分的场地地位依然谨慎参照了周围的林地环境,以期让建筑对周围自然景观的影响降至最低,且令建筑与环境天然和谐地融为一体。住宅于各个方向大面积开窗,让自然光线充分融入至内部居住环境(图6-34)。这一设计使该栋建筑与以防卫为主的传统建筑截然不同。该栋建筑的凉亭屋顶采用木材和玻璃(图6-35),采光充足,给人以明亮的感觉,同时,充足的光照在冬季来临时可以保持室内温度。该建筑的大量窗户不仅使建筑的采光良好,并且可以开窗通风,增强空气的流通性,保持室内空气流通。建筑多采用木质材料,不会产生有害气体。

图6-34 大面积开窗

图 6-35　凉亭

参考文献

[1] 杨东山 . 回归自然：原生态材料在室内设计中的应用研究 [D]. 合肥：合肥工业大学，2013.

[2] 魏莉 . 可持续发展背景下室内生态环境设计研究 [D]. 南昌：南昌大学，2009.

[3] 朱晓娟 . 生态文化中竹集家具馆的绿色设计研究 [D]. 南昌：南昌大学，2011.

[4] 罗静 . 住宅生态室内设计研究 [D]. 长沙：湖南师范大学，2011.

[5] 张家宁 . 绿色设计创造宜居新生活 [D]. 新乡：河南师范大学，2011.

[6] 盛那 . 室内设计的生态化研究 [D]. 呼和浩特：内蒙古师范大学，2006.

[7] 李光耀 . 生态型室内设计的探讨 [D]. 长沙：中南林学院，2001.

[8] 杨晓丹 . 基于人性化设计观念的城市住宅室内设计的研究 [D]. 南昌：南昌大学，2005.

[9] 徐青青 . 基于绿色评价体系下的室内设计研究 [D]. 上海：东华大学，2014.

[10] 成潇 . 室内绿色环保设计论 [J]. 室内设计，2002，1:9–12.

[11] 陈耀光 . 绿色设计浅谈 [J]. 家饰，2004（5）：155 .

[12] 陈易 . 绿色发展理论与室内设计 [N]. 室内设计与装修，2000.

[13] 成阳 . 室内绿色环保设计论 [J]. 室内设计，2002，1.

[14] 杜彦 . 室内设计的发展：绿色设计 [J]. 内蒙古科技与经济，2004，9.

[15] 何晓佑，谢云峰 . 人性化设计 [M]. 南京：江苏美术出版社，2001.

[16] 孔小丹 . 探讨"绿色"室内设计的设计原则 [J]. 温州职业技术学院学报，2004.

[17] 李百战，郑洁，姚润明，等 . 室内热环境与人体热舒适 [M]. 重庆：重庆大学出版社，2012.

[18] 梁家年 . 浅议绿色室内设计 [J]. 三明高等专科学校学报，2002，4: 122–124.

[19] 刘丽文 . 室内装饰走向绿色设计 [J]. 广东建材，1999，11: 219.

[20] 刘珍 . 基于生态理论下的室内设计研究 [D]. 合肥：安徽建筑大学，2011.

[21] 刘宪法，王九飞，姜鹏. 浅析室内绿色设计 [J]. 科技信息：科学教研，2008（19）.

[22] 李卫娜. 浅谈室内环境的绿色环保设计的作用 [J]. 北方环境，2013（9）.

[23] 廖骧. 浅谈绿色设计概念及室内景观生态设计 [J]. 中国新技术新产品，2012（20):213–213.

[24] 马佳. 光在建筑环境空间中的运用 [D]. 景德镇：景德镇陶瓷学院，2007.

[25] 李苗. 基于绿色设计理念下的室内设计研究 [D]. 海口：海南大学，2017.

[26] 许平，潘林. 绿色设计 [M]. 南京：江苏美术出版社，2001.

[27] 沈立东. 室内设计中的可持续发展思维：室内生态设计 [J]. 中国勘察设，2006，12.

[28] 田桂花. 绿色设计理念在室内设计中的应用研究 [D]. 延边大学，2007.

[29] 闻启文，宋天弘. 论设计中的绿色发展问题 [N]. 艺术与设计，2009.

[30] 王昌，张倩楠. 室内环境的可持续发展 [J]. 大家，2009（12）.

[31] 张燕文. 可持续发展与绿色室内环境 [M]. 北京：机械工业出版社，2007.

[32] 吴周静. 阳光、空气与居室污染源 [J]. 室内设计，2002（4）.

[33] 吴近桃，陈斌. 浅析现代住宅以人为本的室内设计研究思路 [J]. 山西建筑，2008，34（31）：16–17.

[34] 夏万爽. 室内绿色环境营造 [J]. 室内设计，2003（2）：7–11.

[35] 尤媛媛. 现代绿色家具的技术体系研究 [J]. 南京林业大学，2004:8.

[36] 郑光复. 建筑的革命 [M]. 南京：东南大学出版社，2004.

[37] 张青萍. 室内环境设计 [M]. 北京：中国林业出版社，2003.

[38] 周曦，李湛东. 生态设计新论 [M]. 南京：东南大学出版社，2003.

[39] 仲留莹. 浅谈室内装饰材料的视觉美感 [J]. 大众文艺，2014（21）.

[40] 王小飞. 基于塑造竹文化内涵的竹旅游景观设计 [J]. 居舍，2017（18）.

[41] 王小飞. 浅谈中国传统文化元素在现代环境设计中的运用 [J]. 世界家苑，2018（22）.

[42] 王小飞. 实践环节在景观设计学课程教学中的设计应用 [J]. 房地产导刊，2017（21）.

[43] 张三生，王小飞. 剪纸艺术的风格特点及美学价值 [J]. 艺海，2008（2）.